化学の歴史

アイザック・アシモフ
玉虫文一　竹内敬人　訳

筑摩書房

A SHORT HISTORY OF CHEMISTRY
by Isaac Asimov
Copyright © 1965
by Doubleday and Co. Inc. New York
This translation published by arrangement
with Doubleday, an imprint of The Knopf Doubleday Group,
a division of Random House, Inc.
through The English Agency (Japan) Ltd.

目　次

第1章　古代 …………………………………… 9
火と石／金属／ギリシア人の「元素」／ギリシアの「原子」

第2章　錬金術 ………………………………… 27
アレキサンドリア／アラビア人たち／ヨーロッパにおける復興／錬金術の終わり

第3章　転換期 ………………………………… 50
測定／ボイルの法則／元素についての新しい見解／フロギストン

第4章　気体 …………………………………… 68
二酸化炭素と窒素／水素と酸素／測定の勝利／燃焼

第5章　原子 …………………………………… 92
プルーストの法則／ドルトンの理論／アヴォガドロの仮説／質量と記号／電気分解

第6章　有機化学 ……………………………… 119
生気論の没落／生命の構成単位／異性体と基

目 次

第7章 分子構造 ……………………… 134
型の理論／原子価／構造式／光学異性体／3次元における分子

第8章 周期表 ………………………… 155
乱雑に並んだ元素／元素の体系化／空所を埋める／新しい元素の群

第9章 物理化学 ……………………… 183
熱／化学熱力学／触媒／イオン解離／気体に関するその他の研究

第10章 合成有機化学 ………………… 208
染料／薬品／タンパク質／爆薬／高分子

第11章 無機化学 ……………………… 233
新しい冶金術／窒素とフッ素／無機化学と有機化学の境界領域

第12章 電子 …………………………… 246
陰極線／光電効果／放射能

第13章 核をもった原子 ……………… 261
原子番号／電子殻／共鳴／半減期／同位体

第14章　核反応 291
新しい元素の変換／人工放射能／超ウラン元素／核爆弾

訳者あとがき 311

文庫版訳者あとがき 314

索引　323

化学の歴史

アイザック・アシモフは，ボストン大学医学部の生化学の準教授（教授と助教授の中間の地位）である．彼は学位を 1948 年にコロンビア大学から得た．彼は科学と数学のさまざまな分野で，多くの本を書いている．アシモフ博士は極めて評判の高い空想科学小説（23 冊）と，現代科学の複雑な思想を，科学者ではない人にもわかる言葉で説明する，すばらしい才能によってよく知られている．近年，彼はとくに科学の歴史にも興味をもつようになったが，その実例としては，この本だけではなく『生物学の歴史』や『科学と技術に関するアシモフの伝記的百科辞典』があげられる．

　アシモフ教授の業績としては，全体で 60 冊以上にものぼる，立派な本が数えられるが，この中には，『知識人のための科学案内』『生命に関与する薬品』『生命とエネルギー』『遺伝の信号』『原子の内部』などがある．

　彼は夫人と二人の子供とともに，マサチューセッツ州ウエスト・ニュートンに住んでいる．

第1章　古　代

火と石

　人間の祖先が初めて道具を使いはじめた時，彼らは目にふれた自然の産物を，そのまま利用した．大きな動物の大腿骨は手ごろの棍棒になったし，木から折った枝も同じ役に立った．岩石は便利な飛び道具だった．

　何千年という時がたつうちに，人間は岩石を刻んで刃や握りをつけることを覚えたし，握りの形にした木の柄に岩石をとりつけることも学んだ．しかし所詮，岩石は岩石であり，木は木であるにすぎなかった．

　ところが物質の性質が変化するようなことも起こった．落雷で森が火事になると，後に残る粉状の黒い灰はもとの木とは似ても似つかぬものになっていた．肉が腐っていやな臭いを出すこともあったし，果汁を放置しておくと，酸っぱくなったり，飲むと妙に浮き浮きするようにもなった．

　われわれが今日化学とよんでいる科学の主題は，物質の性質のこのような（最後に人間が発見したように，構造の根本的変化を伴った）変化である．物質の性質や構造の根

本的な変化が化学変化である．

　人間は，火をおこし，それを保つすべを身につけた時に，化学変化を自分のために計画的に起こすことができるようになった（歴史上これを「火の発見」と呼ぶ）．ひとたびこの術を身につけると，人間は実際的な化学者になった．というのも，人間は木やその他の燃料を空気と速やかに化合させて，灰や煙や蒸気だけでなく，感じうるほどの量の熱や光をつくる方法を工夫する必要があったからである．木を乾かす必要があり，その一部のものは砕いて火口をつくる必要もあり，摩擦その他の方法によって発火点以上に温度をあげる必要もあった．

　火から生じた熱は，次の化学変化を起こすために用いられた．食物を料理すると，色や舌触りや味が変わった．粘土を焼いて煉瓦や陶磁器を作ることができた．ついには陶器，それもうわ薬をかけたもの，さらにガラス自身を材料としたものまでが作られた．

　人間が最初に用いた材料は，身のまわりのすべてのもの，木，骨，毛皮，岩石などの，どこにでもある自然物であった．これらの中で岩石が最も長持ちするので，はるか昔の時代の確かな遺物として今日まで伝わっているのは，原始人の石器なのである．そこでわれわれは当時のことを**石器時代**というのである．

　人類がまだ石器時代にあった紀元前8000年ころ，今日，中東とよばれているあたりで食物生産における革命的変化がはじまった．それまで人間は，他の動物と同じよ

うに食物をあさる必要があった．今や彼らは動物を飼いならして，確実な貯蔵食糧とし，その世話をすることを覚えた．もっと重要なことは，植物の栽培を学んだことである．動物の飼育や農業が発達して初めて，より安定した，より豊かな食物の供給が可能になり，人口も増加した．農業は人間が一つの場所にとどまることを要求するが，その結果，耐久性のある家が建てられるようになり，都市が発達した．この進化は文字どおり文明の発端となった．というのも文明（civilization）という言葉は都市（city）という意味のラテン語に由来するからである．

この初期の文明の初めの数千年間には，石を扱う新しい技術が工夫されたけれども，依然として石が特有な道具の材料であった．この**新石器時代**の特徴は，注意深く石を磨く技術にあるが，陶器もまた一段と発達した．そしてこの新石器時代への進歩は，中東から次第に広がっていった．たとえば，紀元前 4000 年までに，この文明の特徴は西ヨーロッパにも及んだ．しかしその時すでに，新しい変化が中東に——エジプトや，（今イラクという近代国家が占めている）シュメール地方に起こる機運が熟していた．

人間は比較的まれにしかない材料を利用することを学び始めた．新しい材料はきわめて有用だったので，人間はそれを苦労して探した末に，あれこれ処理したりする不便をあえて忍ぶようになった．われわれはこれらの材料を**金属**（metal）とよんでいるが，この言葉自身がこの変化の事情をよく伝えている．というのも，**金属**という言葉は，お

そらくギリシア語の「さがす」という意味の言葉から派生しているからである．

金　属

　最初に見いだされた金属は，金属の固まりの形として存在していたに違いないし，またそれも金塊や銅塊であったに違いない．というのも，これらは時折天然に単体として産出することもある，数少ない金属の仲間だからである．銅の赤みがかった色とか，金の黄色は人目を引いたに違いなく，その上，概して単調で特徴のない色をしている石に比べると，はるかにすばらしく美しい金属の光沢は，人々の眼を引きつけたに違いない．どんな形で金属が発見されたにせよ，金属は，美しい色の小石や真珠貝と同じように，初めは装飾品として用いられた．

　けれども金属が他の美しいものよりもまさっている点は，銅や金には**展性**がある，つまり，こわさないで平らに打ち延ばしがきく，という点にある（そんなことを試みれば，石はこなごなになってしまうし，木や骨は裂けてバラバラになってしまう）．確かにこの性質の発見は偶然によるが，一度発見されると，人間は美的感覚に駆られて，金属塊をその美しさがいっそう増すように複雑な形に打ち延ばしたのであった．

　銅職人たちは，この金属を打ち延ばせば，岩石の道具につけることができる刃よりも鋭い刃を容易に作れること，また銅の刃は，岩石の刃が鈍るような場合でもその鋭さを

失わず，また仮りに失っても，岩石の場合よりもはるかに容易にまた鋭くできる，というようなことに気がつかなかったはずはない．ただ銅は希産のものであったために，装飾としてだけではなく，道具としても広く使われるには至らなかった．

ところが，銅は必ずしも銅そのものとして発見されなくてもよいとわかった時，銅はもっと手に入れやすいものになった．銅はある石から製造することができた．この発見がどのようにして，どこで，またいつなされたかは謎であるし，また未来においても解けることはあるまい．

おそらくこの発見は，青い石を含んだ岩床の上でもやしたたき火がきっかけとなったのであろう．すると，灰の中に輝く銅塊が見いだされた．何回もの観察のあと，ついに誰かが適当な青い石を木のたき火で熱すると銅ができることに気づいたに違いない．この事実の最終的発見は，紀元前4000年ごろ，エジプトの東のシナイ半島か，あるいは今のイランにあたるシュメール東方の山岳地帯でなされたと思われる．あるいは二つの場所で独立になされたかもしれない．

ともかく，少なくとも進んだ文明の中心地では，銅は道具にも使えるほどありふれたものになった．エジプトのある墓の中で発見されたフライパンは，紀元前3200年のものである．紀元前3000年までに，銅のきわめて硬い変種が発見された．それは（初めは疑いもなく偶然に）銅の鉱石とスズの鉱石を，同時に熱することによって得られた

(1図).　銅-スズ合金（この語は金属の混合物を意味する）は**青銅**とよばれ，紀元前2000年までに，武器やよろいに用いられるほどにまで普及した．紀元前3000年ころエジプトを統治したファラオ・イテチの墓の中にも青銅器が発見されている．

　青銅器時代の最も有名な事件はトロイ戦争であろう．この戦争では，青銅のよろいをまとい，青銅の楯を持った戦士たちが，青銅の刃先のついた槍を投げあった．金属製武器をもたぬ軍隊は，青銅で武装した戦士たちにはとうてい太刀打ちできなかった．当時の金属細工師は，今日の核物理学者のもっているような一種の威信をそなえていた．鍛冶屋は実際に強い男であったし，神々の間にすら席を与えられた．ギリシア神話にでてくる鍛冶屋で，足の不自由なヘファイストスは鍛冶場の神である．そしてスミス（鍛冶屋）という名前や，それと同じ意味の名前が今日でもヨーロッパ人の間でも一番ありふれた名前である，というのは決して偶然ではない．

　稲妻が再び光った．青銅器時代の人間は，青銅よりもさらに硬い金属を知った．それは**鉄**であった．不幸にして鉄は極めてまれで貴重であったから，広くよろいに使うわけにはいかなかった．まれだと言ったのは，当時は時に見つかる隕石のかけらが唯一の鉄であったからである．岩石から鉄を得る方法があるとは考えられなかった．

　問題は，鉄は銅よりももっと強く鉱石に結合している点であった．鉄を製錬するためには，銅の製錬に必要な熱よ

金属

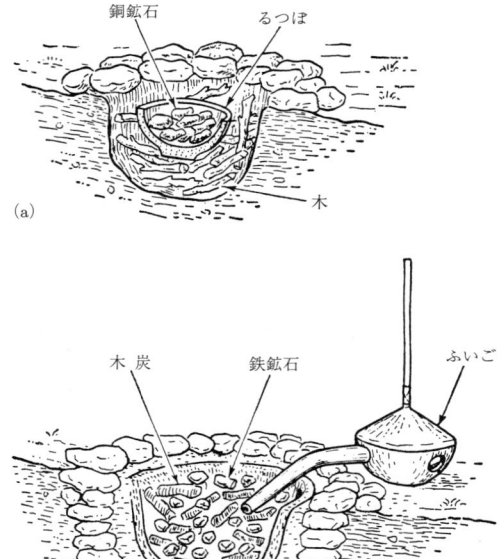

1図 古代の溶鉱炉は，いろいろな鉱石の還元に適当な温度が得られるように工夫されていた．銅の溶鉱炉（a）では，鉱石は木の火の上におかれたるつぼの中で溶かされた．鉄鉱石の還元（b）はもっと多くの熱が必要であったから，炉に木炭をぎっしりつめ，ふいごで酸素を補給した．

りも，はるかに強い熱を必要とする．木を燃やしてつくる火ではこの目的には不充分であった．もう少し温度の高い木炭の火が必要であったし，それも通風がうまくいく時だけ成功した．

　鉄の製錬の秘密は，たぶん紀元前1500年ころには，小アジア東方でどうやら発見された．小アジアに大帝国を建設したヒッタイト人は，鉄を道具として日常的に使用した最初の民族であった．紀元前1280年ころに書かれた，ヒッタイトのある王から，鉄を豊かに産する山岳地方の太守にあてた手紙には，鉄の製造のことがはっきり記されている．

　純粋な鉄（練鉄）はあまり堅くはない．しかし鉄の道具や武器は，木炭から炭素を得て，**鋼鉄**とよばれる鉄-炭素合金の層を表面に形成している．この表面は最上の青銅よりも堅く，また鋭い刃を長持ちさせる．ヒッタイト地方におけるこの「鋼鉄化」の発見こそ，鉄の冶金における決定的な転換点となった．鋼鉄のよろいをつけ，鋼鉄の武器で武装した軍隊が，青銅のよろいと武器で武装した他の軍隊を打ち負かすのは当然のことであった．こうして**鉄器時代**が訪れた．

　鉄の武器をいくらか持っていたドーリア人は，紀元前1100年ころ北方からペロポネソス半島に侵入し，すでにそこにいた，文明こそ高かったが青銅の武器しかもっていなかったミケーネ人を次第に征服した．ギリシア人の一部は鉄の武器をもってカナンに侵入した．彼らは旧約聖書で

重大な役割を演ずるペリシテ人であって，彼らに対しては
イスラエル人も，サウル王のもとで鉄の武器を手にするま
でなすすべもなかった．

　良質の鉄の武器を大量に装備した最初の軍隊はアッシリ
ア人の軍隊であった．卓越した軍備によって，彼らは紀元
前 900 年までに強大な帝国を建設した．

　ギリシアの偉大な時代が訪れる以前にも，実用的な化学
技術はかなり進んだ段階に達していたのであった．それは
死後の人体を防腐保蔵することに強い宗教的関心のあった
エジプトで，特に著しかった．エジプト人は冶金だけでは
なく，鉱物から顔料を作ったり，植物から汁や煎じ汁をと
ったりする名人であった[*]．

　ある説によると Khemeia という言葉は，エジプトの地
を意味するエジプト語 Kham に由来している（この名前
は聖書でも用いられていて，ジェームズ 1 世の欽定英訳
聖書では Ham になっている）．Khemeia はつまり「エ
ジプトの術」という意味になる．

　現在，いくぶん支持者の多い第二の説によると，Khe-
meia は植物の汁を意味するギリシア語 Khumos から派
生しているので，Khemeia は「汁を抽出する術」と考え
ることができる．ここでいう汁が溶解した金属を意味し
たとすれば，この言葉は「冶金術」を意味するかもしれな

---

[*] 化学技術はインドや中国でも発達した．しかし，化学におけ
る知的な発展はエジプトから発しているので，著者はこの線だ
けをたどるつもりである．

い．

　Khemeia の語源が何であるにせよ，この言葉はわれわれの用いている言葉「化学（chemistry）」の祖先である．

ギリシア人の「元素」

　紀元前600年までに，快活で知的なギリシア人は，宇宙の本性や，それをつくっている材料の構造に対して，注意をはらうようになった．ギリシアの学者，つまり「哲学者」（知恵を愛する人）の関心は，ものごとの「理由」にあって，技術とか実用的発展への関心は薄かった．つまり彼らは，今日ならば，われわれが化学理論とよぶようなものを取り扱った，最初の人々であった．

　このような理論はタレス（紀元前640頃-546）に始まる．物質の本性の変化の奥にひそむ意味を，深く，そして充分に考えたギリシア人がタレス以前にもいたかもしれないし，またギリシア人以外にもそういう人々がいたかもしれないが，彼らの名前も思想も全然伝わっていない．

　タレスは，現在トルコ領になっている，エーゲ海西沿岸地方にあるイオニアのミレトスに住んでいたギリシア哲学者であった．タレスは自分自身に次のように問いかけたに違いない．青い石が赤い銅に変化することができるように，もし一つの物質が他の物質に変化することができるのであれば，物質の本性とは何であろうか？　それは岩石であろうか，それとも銅であろうか？　それとも二つのものは全く異なったものであろうか？　すべての物質は一つの

基本的材料の異なる面にすぎないのであって，一つの物質は（おそらくいくつかの段階を経て）他のどのような物質にも変化できるのであろうか？

タレスにとっては，この最後の質問に対する答えは肯定的であると考えられた．というのもこうすることによって初めて，宇宙に根本的な単純さと秩序を導入することが可能になるからである．こう考えれば，残っている仕事は，何がその基本的材料，すなわち元素*)であるかを決めることであった．

タレスは元素は水であると決めた．すべての物質のなかで，水ほど多量に存在するものはないように思われた．水は大地をとり囲み，蒸気となって大気中に充満し，固い地面の間をちょろちょろ流れた．水がなければ生命も存在し得なかった．彼は，地球は半球の空をいただいている円板で，無限の大きさをもつ大洋にただよっているものと見立てていた．

すべての物質のもとになる元素が存在する，というタレスの決定は，のちの哲学者たちにかなりひろく受け入れられたが，その元素が水であるという考えは反論された．

タレスの死後1世紀のうちに，天文学者は，大空は半

---

*) 「元素」（element）はラテン語から派生しているが語源はわからない．ギリシア人は元素という言葉を用いなかったが，元素の概念は現代化学にとって極めて重要なので，古代ギリシアについて述べる時でも，この言葉を使わずにすませることはできない．

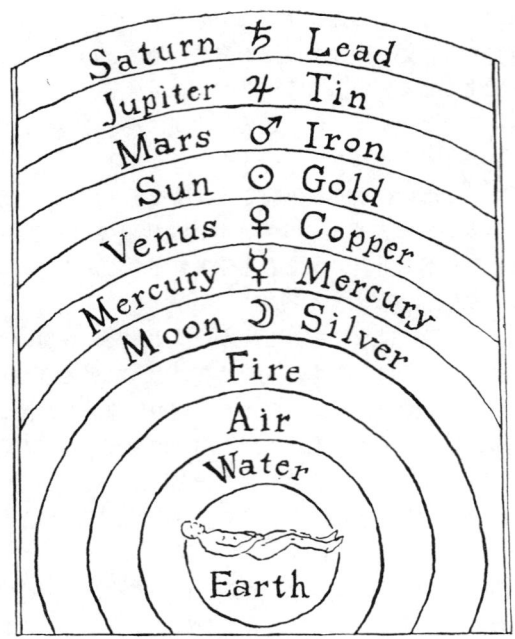

2図 アリストテレスの「四元素」に影響された錬金術師の宇宙論．地上と天上とが比較され，金属と惑星に対して同じ記号が用いられている．この表はフラッド（1574-1637）によるが，彼はその時代の科学的精神に背を向け，神秘的なものを追求した．

球ではなく,完全な球であるという結論に次第に到達していった.地球もまた球であって,それは大空のうつろな球の中心に浮かんでいた.

ギリシア人は真空（完全な空虚）が存在するという概念を受け入れなかったので,浮かんでいる地球と遠い空の間の空間は,何ものも含むことができないとは信じられなかった.地球と大空の間の空間のうちで人間が経験することができる部分は,空気を含んでいたから,空気が地球と大空の間を満たしていると考えてもおかしくなかった.

このような推論によって,やはりミレトスの人であったギリシア哲学者アナクシメネスは,紀元前570年ころ,宇宙の元素は空気であるという結論に達した.宇宙の中心に向かって空気は圧縮され,水とか土のような,より堅く密な物質を形成する,と彼は考えた（2図）.

一方,隣りの町のエフェソス出身の哲学者ヘラクレイトスは,異なる道程をとった.もし宇宙を特色づけるものが変化であるならば,元素としては変化が最も特徴的であるような物質をさがす必要があった.この物質は,絶えず動き,絶えず変化する火であると彼は考えた.変化を必然たらしめるものは,すべてのものの内にある火の性質であった*).

---

*) これらの初期の概念をおかしなものと笑ってすませるのはやさしいが,実際はこれらのギリシアの思考は極めて深遠であった.「空気」「水」「土」「火」を,よく似た言葉「気体」「液体」「固体」「エネルギー」で置きかえてみよう.実際,気体は冷やされると凝縮して液体となり,さらに冷やされると固体に

アナクシメネスの時代に，ペルシア人はイオニア沿岸地方を征服した．イオニア人の反乱が失敗すると，ペルシアの統治は苛酷になり，弾圧の下で科学的伝統は衰えていったが，しかしその前に移住してきたイオニア人はその伝統を西方に伝えた．イオニアからはなれた島の出身の，サモスの人ピタゴラス（紀元前582頃-497）は紀元前529年にサモスを離れ，南イタリアに旅行したが，ここで彼の教えは有力な思想団体を後に残した．

　ピタゴラス派の教えに傾倒した人の中でぬきんでていたのはシチリア出身のギリシア哲学者エンペドクレス（紀元前490頃-430頃）であった．彼もまた，宇宙がつくられている元素の問題にとりくんだ．イオニアの哲学者のいろいろの提案のどれをとるか，を決する方法はないように思われたので，エンペドクレスは一つの妥協を考えついた．

　なぜ元素は一つしかないのであろうか？　なぜ四つではいけないのであろうか？　ヘラクレイトスの火，アナクシメネスの空気，タレスの水，そしてエンペドクレス自身が加えた土がすべて元素であってもよかった．

　四元素の説は最も偉大なギリシア哲学者アリストテレス（紀元前384-322）に受け入れられた．アリストテレスは，元素とはそう名付けられた文字どおりの物質である，と

　　なる．これはアナクシメネスが想像した状況によく似ている．
　　そしてヘラクレイトスの火に関する考え方は，化学変化の原因
　　でもあり，結果でもあるエネルギーに関する現代の考え方に，
　　たいへんよく似ている．

は考えなかった．つまり，彼は，われわれが触れたり感じたりできる水が，実際元素の「水」であるとは考えなかった．実際の水は，元素に最も近い実在の物質にすぎなかった．

アリストテレスは，元素を二対の相反する性質，温と冷，乾と湿の組み合わせであるとした．彼は一つの性質はその反対の性質と結合できないと考えたので，彼の図式のなかには四つの可能な組み合わせが残り，その各々が異なる元素を表わした．温-乾は火，温-湿は空気，冷-乾は土，冷-湿は水であった．

彼はさらに一歩を進めた．各々の元素はそれぞれいくつかの固有の性質をそなえていた．つまり落下するのは土の本性であり，上昇するのは火の本性であった．ところが天体は，地上にある物質のもっている，どんな性質とも異なる性質を示すと考えられた．上昇することも落下することもなく，天体は地球の周りを不変の円をえがいて動くように思われた．

そこでアリストテレスは，天体は五番目の元素からできていると推論し，それを「エーテル」（「輝く」という意味の言葉からとった，というのも天体の最も顕著な特徴はそれらが発光することであったから）と呼んだ．天体は不変であると思われたので，アリストテレスは，エーテルは完全で，永遠で，腐敗しないものであって，地球にある四つの不完全な元素とは全く異なったものであると考えた．

四元素説は 2000 年にわたって人間の心を支配してき

た．科学の分野に関するかぎり，今は死んでしまっているが，日常使う言葉の中にはまだ生きている．たとえば，嵐で風（空気）や波（水）が荒れ狂っている，と言いたいとき，われわれは「元素の激怒」などという．「第五元素」（エーテル）についていえば，この言葉はラテン語ではクィンタ・エッセンティアとなるが，最も純粋で，最も凝縮した状態にある，という意味で，何かの「真髄」（*quintessence*）について語る場合，われわれはそのもののアリストテレス的な意味での完全さに注目しているのである．

ギリシアの「原子」

ギリシア哲学者の間に起こったもう一つの大きな疑問は，物体の分割可能性に関するものであった．二つに割られた，もしくは粉々になった石のかけらは，依然として石であり，そのかけらをさらに細分することもできた．このような分割，そして再分割を無限に続けることができるであろうか？

イオニアの人レウキッポス（紀元前450頃）は，どんなに小さい物体の一片でも，さらに小さい破片に分割できるという，一見無理のない仮定を疑問視した最初の人のようである．レウキッポスは，もうこれ以上小さくなれないし，これ以上分割もできないという破片が最終的に得られると主張した．

北エーゲ海沿岸の町アブデラの人である彼の弟子のデ

モクリトス（紀元前470頃-380頃）は，この考え方を追った．彼はこの究極的な小粒子を「分割できない」という意味でアトモスと呼んだが，われわれはこれを原子（アトム）として引き継いでいる．物体は究極的な小粒子からできていて，無限には分割されないという学説は，原子論として知られている．

デモクリトスは，各々の元素の原子は大きさも形も異なっていて，この差異が各元素に異なった性質を与える，と考えた．われわれが見たり触れたりすることのできる物質は，異なる元素の原子の混合物からできていて，一つの物質は原子の混合の割合を変えることによって他の物質に変化させることができた．

これらのすべては現代的な考え方に非常に近いように思われる．しかしデモクリトスは確証するため実験にたよることは全くできなかった（ギリシア哲学者たちは実験はしないで，「第一原理」から議論を始めることによって結論に達していた）．

ほとんどの哲学者にとって，特にアリストテレスにとって，物体の破片をさらに小さい破片に分割できないという概念はあまりにも逆説的なので，これを認めることはできなかった．そのため原子論的な考え方は不人気で，デモクリトスの時代から2000年もの間ほとんど問題にされなかった．

しかし原子論は死に絶えたのではなかった．ギリシアの哲学者エピクロス（紀元前342頃-270）は自分の学説に

原子論をとり入れ，そしてエピクロス派の哲学はその後数世紀にわたって，多くの信奉者を得た．この信奉者の中にローマの詩人ルクレティウス（紀元前95頃-55頃）がいた．彼はデモクリトス，エピクロスら原子論者の考えを『事物の本性について』という題の長い詩のなかで解説した．これは今までにかかれた教訓詩（教えることを目的とした詩）のなかで最上のものだと考える人も多い．

とにかく，デモクリトスやエピクロスの作品は失われてしまい，ただ断片や他の哲学者による引用だけが残っているのに反して，ルクレティウスの詩は完全な形で残り，原子論者の考えを現代に伝えた．現代において，新しい科学的方法による努力によって原子論は最終的勝利を収めた．

第2章　錬金術

アレキサンドリア

　アリストテレスの時代にマケドニア（ギリシア北方の王国）のアレキサンダー大王は巨大なペルシア帝国を征服した．アレキサンダーの帝国は紀元前323年における彼の死後崩壊したが，中東の広い領域でのギリシア人とマケドニア人の支配は続いた．その後数世紀にわたって（「ヘレニズム時代」），文化のみのり多い混合が行なわれた．アレキサンダーの将軍の一人であったプトレマイオスは，エジプトに王国を建設し，（アレキサンダーによって創建された）アレキサンドリアを首都とした．プトレマイオスと彼の息子（プトレマイオス2世）はミューズの神を祭る神殿（Museum）を建立したが，これは今日なら研究所とか大学とか呼ばれるものの機能を果たした．それに付属して，古代における最大の図書館も建てられた．

　エジプト人の熟達した応用化学と，ギリシア人の理論が出会い，そして一つになった．しかしこの融合は良い結果ばかりを生じたのではなかった．エジプトにおける化学知識は死体の防腐保蔵や宗教的儀式に密接に結びついてい

た．エジプト人にとっては，トキ（鳥の一種）の頭をした知恵の神トートはすべての化学知識の源泉であった．ギリシア人はエジプト人のすぐれた知識によって感銘を与えられ，トートを彼ら自身の神ヘルメスと同一であると考え，神秘主義の多くを取り入れた．

　昔のイオニアの哲学者たちは宗教と科学を分離していた．エジプトにおける両者の新しい統合は，知識のその後の進歩を著しく妨害した．

　Khemeia の術は非常に密接に宗教と結びついているらしく思われたので，一般大衆はその術に実際たずさわっている人たちを，秘密の術の達人であり，危険な知識の持主として，いくぶん恐れの目をもってみていた（未来に関する恐ろしい知識をもっている占星術者，物質を変化させる恐るべき能力をもった化学者，そして神をなだめるかくれた秘密をもち，さらに呪いを呼び寄せる力をもった僧侶すらも民話に登場するいろいろな魔法使いのモデルとなった）．

　この恐れの対象になった人たちは必ずしも恐れられることを恨まず，むしろ時にはその恐怖を助長して，自分たちの力や安全を強めた．要するに，誰が魔法使いにあえて逆らおうとしたことか？

　この一般大衆の尊敬，というよりは恐怖の念のため，*Khemeia* に従事する人たちは，自分たちの著述の中で，神秘的であいまいな象徴的表現を用いるようになった．非常なあいまいさが秘密の知識，秘密の力という感じを強

めた．たとえば，多くの恒星をもった天空に対して，その位置を絶えず変えているので「惑星」(「放浪者」) と考えられる七つの天体があった．また七つの金属が知られていた．それは金，銀，銅，鉄，スズ，鉛，水銀であった (2図, 20頁)．これらを組み合わせるのはおもしろそうであった．金がふつう「太陽」として，銀が「月」として，銅が「金星」として示された時代が来た．こうして化学変化を神話の言葉で言い表わすことができた．

この時代の名残が現存する．現在，硝酸銀として知られる化学薬品のいささか古めかしい名前は，"lunar caustic"（苛性の月）であって，昔の銀と月の関係を雄弁に物語っている．水銀（mercury）はその現代名を惑星の水星（Mercury）から得た．水銀の昔の名前は hydrargyrum（「液体銀」）で，古い英語の "quicksilver" もほぼ同じ意味である．

この多かれ少なかれ計画的なあいまいさは，二つの不幸な結果をもたらした．第一に，進歩がとまった．この分野に従事する各々の人は，他の人が何をしているのか全くわからないか，または少なくともはっきりしない状態におかれたので，誰も他人の失敗を参考とすることもできず，また他人の立派な業績から学ぶこともできなかった．第二に，どんな山師，ペテン師でも，あいまいに話ができさえすれば，立派な研究者のふりをすることができた．ならず者を学者と区別できなかった．

ギリシア-エジプトの *Khemeia* で，最初の重要な学者

は，メンデス（ナイルのデルタ地帯の町）のボロス（紀元前200頃）という名前の人であった．自分の著述の中で彼はデモクリトスの名前を用いたので，彼は「ボロス-デモクリトス」とか「偽デモクリトス」とよばれている．

ボロスは *Khemeia* 最大の問題の一つになった，ある金属を他の金属に変化させることと，特に鉛または鉄を金に変化させること（**変成**）に専心した．

四元素説によれば，宇宙にあるさまざまの物質は，ただ元素の混合の仕方だけが異なっていると考えられた．この仮説は，原子論をとるか否かに関係なく正しかった．なぜならば，元素は原子としてでも，また連続した物質としてでも混合できるからである．実際，元素ですら相互に変換可能と考えられる根拠もあった．水は蒸発すると空気になるようであるし，空気は雨になるとまた水にもどるようであった．木を熱すると火と蒸気（空気の一つの形）になった．

それならば，なぜある変化が不可能だと考えなければいけないのであろうか？　確かに，それは単に適当な技術を発見できるか否かの問題であった．青銅のよろいをまとっていたアキレスの時代にはまだ発見されていなかった技術によって，赤っぽい石が灰色の鉄に変えられるようになった．それならば，アレキサンダー大王の時代にはまだ発見されていなかった技術によって，灰色の鉄がさらに黄金に変えられないということがあろうか？

何世紀もの間，多くの化学者が金を製造する技術を発見

しようとして真面目に努力し続けた．ところが，疑いもなく，ある人たちは，その技術を発見したふりをして，それによって得られる力とか評判を利用したほうが，はるかに簡単で，またもうかることに気がついた．この種のペテン行為は現代に至るまで続いたが，われわれは *Khemeia* のこの面には触れないことにしよう．

ボロスはその著述の中で金の製法の詳細を明白に述べているが，これは必ずしもいんちきを意味しているのではない．たとえば銅と亜鉛の合金，つまり黄銅（しんちゅう）をつくることは可能であるが，その合金は金と同じ色をしている．つまり古代の学者にとっては，金色の金属の製造と金自身の製造とは同じことであったと考えられる．

しかしながら，ローマ時代を通して *Khemeia* の術は他のギリシアの学術と同じように衰えていった．紀元後100年以後からは，新しい知見は何一つ得られなかったし，初期の著述家たちの作品を，ますます神秘的に解釈する傾向が強まっていった．

たとえば，紀元後300年ころ，エジプト生まれの著述家ゾシモスは過去5，6世紀の間に蓄積された *Khemeia* の全知識を洩れなく集めた28巻の百科全書を書いたが，価値のあるものはほとんど含まれていない．時には砒素（ひ）に関するらしいことのように目新しいことが書かれている行が目に入ることはあるけれども．またゾシモスは酢酸鉛の製法を記述しているらしく，またこの毒物の甘みを知っていたようである（今日でも「鉛糖」とよばれている）．

最終的な致命的打撃は恐怖と共に襲った．ローマ皇帝ディオクレティアヌスは実際，$Khemeia$ が安価な金の製造に成功して，衰えていく帝国のもろい経済を破壊するのではないかと恐れた．ゾシモスの時代に，彼は $Khemeia$ に関する著作を焼くよう命令した．古い著作がほとんど現存していないのは一つにはこのためであろう．

　他の理由として，キリスト教の興隆と共に，「異教徒の学問」は不人気になってきたことがあげられる．アレキサンドリアのミューズの神の神殿と図書館は，紀元後400年ころのキリスト教徒の暴動のため，ひどく損害をうけた．古代エジプトの宗教と密接な関係にあった $Khemeia$ の術は特に疑われ，全く地下に隠れてしまった．

　この面に関しては，ギリシアの学問はローマ帝国の世界を全く離れてしまった．キリスト教はいくつかの教派に分裂したが，その中に，5世紀の人でシリアの僧正であったネストリウスの教説にしたがったために，ネストリウス派とよばれた一派があった．ネストリウス派はコンスタンチノープルの正統派教会から迫害され，数多くの人が東方ペルシアに逃亡した．ペルシア人たちは彼らを親切に取り扱った（おそらくローマ人との戦いに彼らを利用しようと希望していたのであろう）．

　ネストリウス派の人たちはギリシアの学問をペルシアにもたらしたが，その中には錬金術の本もたくさんあった．彼らの力と影響は，紀元後550年ころにその絶頂に達した．

アラビア人たち

 ところが7世紀になると，アラビア民族が歴史の舞台に登場してきた．それまで彼らは砂漠の半島の孤立した存在だった．しかし今やモハメッドによって創設された新しい宗教イスラム教に鼓舞されて，彼らは四方に膨脹した．彼らの征服軍はアジア西方と北アフリカの広大な領域を占領し，紀元後641年にエジプトに侵入してすばやく勝利をおさめ，翌年にはペルシア全土を同じ運命につき落とした．

 特にペルシアで，アラビア人は残っていたギリシア科学の伝統に接し，すっかりそれに魅せられた．極めて実際的な体験がこの感じを強めたと思われる．670年に彼らがコンスタンチノープル（キリスト教の世界の中で最大で最強の都市）を包囲した時，彼らは化学薬品の混合物である「ギリシアの火」によって撃退されてしまった．それは熱い炎をあげて燃え，水で消すことができないので，アラビア艦隊の木造船は燃えてしまった．言い伝えによると，それはエジプト（またはシリア）生まれの *Khemeia* の実際家で，アラビア軍侵入の前に故郷から逃げ出したカリニコスによってつくられた．

 アラビア語で *khemeia* は *al-kimiya* であるが，接頭辞の *al* はアラビア語の "*the*" にあたる．この言葉は最後にはヨーロッパ人にうけつがれて，（英語では）alchemy（以下錬金術），そしてこの分野で働く人は alchemist（以下錬金術師）といわれるようになった．

300年から1100年の間のヨーロッパにおける化学の歴史は，文字どおり空白である．650年以後，ギリシア-エジプト錬金術の保存と発展はもっぱらアラビア人によってなされ，その状態は5世紀間続いた．この時期の名残は，アラビア語に由来する多くの化学用語，たとえばアレンビック（蒸留器），アルカリ，アルコール，カーボイ（大型ガラスびん；たぬきびん），ナフタ，ジルコンなどに認められる．

アラビア錬金術が頂点に達したのは，アラビアの支配の初期においてであった．最も有能で有名な回教徒の錬金術師はジャービル・イブン・ハイヤン（760頃～815頃）で，何世紀ものあと，彼はヨーロッパ人に「ゲーベル」として知られるようになった．彼はアラビア帝国が（アラビアン・ナイトで有名なハールーン・アッラシードの治世下にあって）その栄光の最も輝かしいころの人であった．

彼には多くの著作があるが，その書き方は比較的率直である．（彼を著者としている多くの本は後世の錬金術師によって書かれ，彼の著作とされたのかもしれない．）彼は塩化アンモニウムについて述べ，鉛白（塩基性炭酸鉛）の製法をも述べている．彼は酢を蒸留して酢酸を得たが，これは古代人の知っていた最も強い酸であった．彼は弱い硝酸もつくったが，このほうがもっと強い酸になる可能性はあった．

ジャービルが最も強い影響をおよぼしたのは，金属の変成に関する研究においてであった．彼にとっては，水銀が

最も優れた金属であった，というのも水銀は液体であるから，土の性質が最も少なくしか混在しないように思われた．それからイオウは燃えるという注目すべき性質（と，さらに金と同じ黄色）をもっていた．ジャービルはそれぞれの金属は水銀とイオウの異なった混合からなっていると考えた．そうすれば問題はただ，金をつくるのに適当な割合の水銀とイオウの混合を，容易にするような物質を発見することになる．

古代からの考え方によると，このような変成促進物質は乾いた粉であった．ギリシア人は「乾いた」という言葉からとって，*xerion* とよんだ．アラビア人はこれを *al-iksir* に変え，ヨーロッパ人は最後にこれを "*elixir*" に変えた．乾いた，土のような性質をもっていると思われていた証拠に，ヨーロッパではこれはふつう「哲学者の石」とよばれていた（1800年になっても，「哲学者」は今日の「科学者」を意味した）．このエリクシルは他の驚くべき性質も兼ね備えるべきものであって，これは万病に効く薬であり，不死性を与えることもできそうだ，という考えもでてきた．これがつまり**不老長生薬**であり，金の追求にあきた化学者はそのかわりに不死性を追いかけた——が同じように空しく終わった．

事実その後何世紀もの間，錬金術は二つのほぼ平行な道をさまよっていた．その一つは鉱物学的なもので金が最高の目標であり，他の一つは医学的なもので万能薬が目標であった．

ジャービルに続いて現われたのは，彼に匹敵する技術と，後には名声まで得たペルシアの錬金術師アル・ラージー（850頃-925頃）であった．彼はヨーロッパには「ラーゼス」として知られている．彼もまた研究結果を注意深く著述した．たとえば焼き石膏(せっこう)の作り方，またそれを整骨用ギプスに用いる方法を記述した．彼はまた金属アンチモンの研究をし，そのことも書いた．水銀（揮発性の，つまり熱せられると蒸気になる）とイオウ（燃える）に加え塩(えん)，揮発性もなければ可燃性もない塩を，固体一般の第三の構成原理として加えた．

　アル・ラージーはジャービルよりも強く医学に興味をもった．この錬金術の医学面への動きは，ペルシア人のイブン-シーナー（917-1037）——彼はラテン語による名前，アビケンナとしてよく知られているが——にも見られた．アビケンナはローマ帝国の時代と現代科学が興隆する時代の間における，最も重要な外科医であった．彼は何世紀にもわたった失敗から，他の金属から金を製造することを疑うようになった．この点で彼は錬金術師としては，例外的存在であった．

ヨーロッパにおける復興

　アビケンナのあと，アラビア科学は急速に衰えた．イスラム世界は混乱期にあり，特にトルコ民族やモンゴル民族の侵入と，彼らの勝利のため，混乱はますます激しくなった．3世紀ののち，科学の指導者という栄誉は，アラビア

民族から永久に失われてしまった．その栄誉は，西欧世界に渡ってしまった．

　十字軍の結果，西欧民族はイスラム世界と初めて，比較的平和で密接な関係をもつようになった．第一次十字軍は1096年に出発の途につき，西欧キリスト教徒は1099年にイェルサレムを占領した．その後ほぼ2世紀にわたって，回教の大洋のなかの小島のように，キリスト教の支配域がシリアの沿岸地方に存続した．一種の文化の融合が行なわれ，ぽつりぽつりと西欧にもどってくるキリスト教徒たちは，アラビア科学への賞嘆の念も共に持ちかえった．同じころ，スペインのキリスト教徒は8世紀初頭にイスラムに奪われた領域を次第に回復しつつあった．そうしている間に，スペインのキリスト教徒，そして全キリスト教ヨーロッパ世界は，次第にスペインで栄えた輝かしいムーア文明のことを認識するようになった．

　ヨーロッパ人は，アラビア民族がギリシアの原典──たとえばアリストテレスの──からの翻訳による，また彼ら自身の所産，たとえばアビケンナの著作などの偉大な学問の本をもっていることを知った．積年の宿敵のように思われていた民族によって書かれた著作を扱うことに対して，いくらか抵抗を感じたものの，それらがヨーロッパの学者にも手に入るように，ラテン語に翻訳する動きが始まった．999年に法王シルヴェステル2世になったフランスの学者ゲルベール（940頃-1003）は初期におけるこの動きの奨励者であった．

英国の学者チェスターのロバート（1140-50頃活躍）は，錬金術に関するアラビアの著作をラテン語に翻訳した初期の人たちのうちの一人で，その仕事を1144年に完成した．他の人たちもそれに続いたが，なかでも最大の翻訳家はイタリアの学者クレモナのジェラルド（1114頃-1187）であった．彼は1085年にキリスト教の勢力下に入ったスペインのトレドで生涯の大部分をおくった．彼は92のアラビア語の著作を翻訳したが，その中のいくつかは極めて長いものであった．

　1200年の初めには，ヨーロッパの学者は過去の錬金術の業績を吸収し，それをのりこえて前進することができるようになった．しかし言うまでもなく，進歩の大通りの数と同じだけの，いやそれ以上の数の袋小路に出会ったのである．

　最初の重要なヨーロッパの錬金術師はボルシュタットのアルベルト（1200頃-1280）——アルベルトゥス・マグヌス（「偉大なアルベルトゥス」）の名前のほうが有名であるが——であった．彼はもっぱらアリストテレスの著作を研究したが，中世後期，近世初期においてアリストテレス哲学がかくも重要になったのは彼のためである．

　錬金術の実験の記述の中でアルベルトゥス・マグヌスはヒ素のことを非常にはっきりと述べているので，しばしば彼はこの物質の発見者とされているが，たぶん初期の錬金術師たちは少なくともその不純なものは知っていたのであろう．

アルベルトゥス・マグヌスの同時代人に，イギリスの学者で僧正のロジャー・ベーコン（1214-92）がいたが，彼は進歩への最大の希望は，実験と数学の科学への応用にあるという信念をはっきり表明したことによって今日もっともよく知られている．彼は正しかったが，世界はまだ充分に用意ができている状態ではなかった．

　ベーコンは知識の全領域を網羅した百科辞典を書こうとした．そして彼はその著述の中で火薬について言及しているが，これは火薬に関する最も初期の記述である．ベーコンは火薬の発見者であるといわれることもあるが，実はそうではない．ほんとうの発見者は知られていない．

　やがて火薬は，軍隊に城壁を打ちこわす手段を与え，徒歩の人間に，よろいを着た馬上の騎士を射ち落とす機会を与えることによって，中世の社会秩序を破壊する助けとなった．これは 1400 年から 1900 年にかけての 5 世紀の間に，ヨーロッパの軍隊が他の大陸を征服することを可能にした，技術における熟達の最初の例証である．しかしこの征服の主役は，ようやくわれわれの世代において逆転しつつある．

　神秘的傾向の強い錬金術はスペインの学者ビラノバのアーノルド（1235 頃-1311 頃）と，レイモン・ルル（1235-1315）の著作とされているもののなかに見いだされるが，彼らが実際の著者であったかどうかは疑わしい．これらの著作はもっぱら変成の問題を取り扱っているが，とりわけ（言い伝えによると）ルルはイギリスのろくでなしの

王様エドワード2世のために金をつくったといわれた.

しかしながら中世の錬金術師のなかで一番重要な人の名前は知られていない. というのもその人は6世紀も前のアラビアの錬金術師ゲーベルの名前で著作したからである. この「偽ゲーベル」については, おそらくスペイン人であろうということと, 1300年ころに著作していたということ以外には何も知られていない. 彼は今日の化学工業において用いられる物質のなかで(水, 空気, 石炭, 石油についで), 最も重要な硫酸について初めて記述した人である. 彼はまた強酸である硝酸の生成についても述べているが, これらの酸は鉱物から得られるのに対して, それまでに知られていた酢酸などの酸は植物界に由来したものであった. 強い鉱酸の発見は, 3000年も前, 鉄鉱石から鉄を生産することに成功して以来の, 最も重要な化学上の進歩である. これらの強い鉱酸の助けによって, ヨーロッパ人は, 昔のギリシア人やアラビア人が手に入れることのできたなかでは最も強い酸である酢では起こらなかった反応を行なわせたり, 溶けなかった物質を溶かしたりできるようになった.

たとえ金が変成によって製造可能になったとしても, 実際のところは鉱酸のほうが金よりも人類の福祉にとってははるかに重要であった. 金が珍しくなくなれば, 金の価値はたちまちなくなるであろう. ところが鉱酸のほうは, 安価であればあるほど, 豊富にあればあるほど, 価値があるのである. しかし, 鉱酸はあまり強い印象を与えないの

に，金のほうは相変わらず貪欲に追求されたのは，それが人間の本性というものなのであろう．

ところが，有望な発端をもちながら，錬金術は最初ギリシア人の間で，次にはアラビア人の間で衰えたと同じように三度目の衰えを見せはじめた．金の追求はもっぱらペテン師たちの独擅場となったけれども，17世紀になってもまだ（たとえばボイルやニュートンのような）偉大な学者ですら，手を出さずにはいられなかった．

1000年前のディオクレティアヌスの治下のときと同じように，ペテン師の横行に対する怒りと，金の製造の成功に対する懸念から，錬金術は再び禁止された．1317年に法王ヨハネス22世は，そのような禁令を発布したので，こっそり仕事せざるを得なかった真面目な錬金術師は，ますます世に知られないものとなる一方，化学によっていんちきな金もうけをするものは相変わらずに栄えた．

しかしながら，変革の嵐は次第に強くヨーロッパを吹き荒れた．コンスタンチノープルに首都をかまえた，東ローマ帝国（「ビザンチン帝国」）の余命はいくばくもないのは明らかであった．1204年に西欧十字軍によって散々に略奪され，このときまでは少なくともこの都市には完全な形で残っていたギリシアの学問の記録の大部分は，永遠に失われてしまった．

ギリシア人は1261年にこの都市を回復したが，もはや昔のおもかげはなかった．2世紀の間にトルコの征服軍は容赦なくこの都市に迫り，ついに1453年，コンスタンチ

ノープルは陥落し，以後トルコのものとなった．この陥落前後を通じてギリシアの学者たちは，図書館からなんとか救いだせた蔵書をもって西欧に逃げこんだ．ギリシアの学問のわずかな名残が西欧に伝えられただけではあったが，それでもそれが与えた刺激は大きかった．

この時代はまた，13世紀における磁石羅針盤の発見にうながされた偉大な探検の時代でもあった．アフリカ沿岸が探検され，1497年にはアフリカ周航がなされた．海を通って，イスラム世界を通らずにインドに行けるようになったので，ヨーロッパは直接に極東と貿易ができることになった．もっと驚異的なのは1492年から1504年にかけてのコロンブスの航海で，この航海によって（コロンブス自身は認めようとはしなかったが），世界の新しい半分の存在が明らかにされたということがわかった．

偉大なギリシア哲学者たちにも知られていなかった多くのことが，ヨーロッパ人によって発見されるようになってきたので，結局のところギリシア人も全知全能の超人ではなかったという感情が起こって来るのは自然の勢いである．航海においてギリシア人より優れていることを示したヨーロッパ人は，他の分野でもまた優れていることを示しても不思議ではなかった．いったん心理的障害といったものが除かれると，古代人の発見を疑問視することは容易になった．

同じ「探検時代」に，ドイツの発明家グーテンベルク（1397頃-1468）は最初の実用的印刷機を考案した．この

機械は，取りはずしてまた組み立てることのできる動く活字を用いて，望みの本を印刷することができた．史上初めて，写し違いを恐れることなく（もちろん誤植はあったであろうが）本を安価に，しかも多量につくることができるようになった．

印刷技術のおかげで，俗受けしないような見解を述べた本も，そのようなものを筆写する労をいとわない人がいないために消え去ってしまうとは限らないようになった．このようなわけで，初期の印刷された本のなかにはルクレティウスの詩（26頁参照）があり，この結果原子論は広く全ヨーロッパに広がった．

1543年に二つの革命的な本が出版されたが，もしこれが印刷機の発明以前のことであったならば，これらは正統的な考え方の人たちによって，容易に無視されてしまったであろう．しかし今やそれらの本はいたるところで読まれ，無視できぬものとなった．一つの本はポーランドの天文学者コペルニクス（1473-1543）のもので，ギリシアの偉大な天文学者たちが考えたように地球は宇宙の中心ではなくて，むしろ太陽がそうであると書いてあった．他の本はフランドル人の解剖学者ヴェサリウス（1514-64）のもので，人体の解剖図が比類のない正確さで描かれていた．これはヴェサリウス自身の観察に基づいたもので，古代ギリシアに出典をあおぐ多くの見解を拒否した．

このようにギリシア天文学とギリシア生物学が同時に打倒されたことは，「科学革命」の始まりを示した（もっと

もギリシア人の見解はこの世紀においてなお25年か，それ以上も認められてはいたが），この革命は錬金術の世界にはゆっくりと浸透したのであったが，科学の鉱物学的な，また医学的な面においても，その革新が認められた．

錬金術の終わり

　新しい精神は二人の同時代人，共に医者であるドイツ人のバウエル（1494-1555）とスイス人のフォン・ホーエンハイム（1493-1541）の著作に現われた．

　バウエルはむしろアグリコラという名によってよく知られているが，この名は（ドイツ語でバウエルは農夫を意味するのと同じように）ラテン語で農夫を意味する．彼は医学に関連があるかもしれないというので，鉱物学に興味をもつようになった．実際，以後2世紀半にわたる化学の進歩の中で，医学と鉱物の結合，医者兼鉱物学者は目立った特徴であった．アグリコラの『**金属について**』（3図）は1556年に出版されたが，この中で，彼は当時の鉱夫たちから集めることのできたすべての実用的知識をまとめた[*]．

　わかりやすく書かれた，鉱山機械のすばらしい画入りの

---

[*] 1912年に出版されたこのアグリコラの本の唯一の英語訳が，鉱山技師が専門職であったフーバー元大統領（アメリカ，31代）とその夫人によってなされた，というのは興味深い．原典からとった美しい挿画入りのきれいな版が，ドーバー出版社から刊行されている．

GEORGII AGRICOLAE

DE RE METALLICA LIBRI XII▸ QVI-
bus Officia, Instrumenta, Machinæ, ac omnia deniqȝ ad Metalli-
tam spectantia, non modo luculentissimè describuntur, sed & per
effigies, suis locis insertas, adiunctis Latinis, Germanicisqȝ appel-
lationibus ita ob oculos ponuntur, ut clarius tradi non possint.

EIVSDEM

DE ANIMANTIBVS SVBTERRANEIS Liber, ab Autore re-
cognitus: cum Indicibus diuersis, quicquid in opere tractatum est,
pulchrè demonstrantibus.

BASILEAE M▸ D▸ LVI▸

Cum Priuilegio Imperatoris in annos v.
& Galliarum Regis ad Sexennium.

3図 アグリコラの『金属について』の表紙.

この本はすぐに有名になり，今日なお価値ある科学の古典と認められている．1700 年以前における化学工学の最も重要な著作であるこの書によって科学としての**鉱物学**は確立されたのである（アグリコラ以前の，鉱物学および応用化学一般における最も重要な著作は，紀元後 1000 年ころの人テオフィルス——おそらくギリシア人——のものであった）．

フォン・ホーエンハイムについて言えば，彼は自ら選んだニックネームの「パラケルスス」の名前で，よく知られている．パラケルススは「ケルススよりすぐれた」を意味する．ケルススはローマ人の医学についての著作家であって，彼の作品は最近出版された．これらは多くの，そしてパラケルススに言わせれば，誤った心酔の対象であった．パラケルススは 5 世紀まえのアビケンナ（36 頁参照）と同じように，錬金術の興味が金から医学に移っていく時代を代表した．パラケルススによれば，錬金術の目的は変成の技術を発見することではなく，病気の治療に用いうる医薬をつくることであった．昔は植物からとった調剤が最もしばしば用いられたが，パラケルススは鉱物が医薬としてよく効くと確信していた．

変成を重んじなかったにもかかわらず，パラケルススは古い学派の錬金術師であった．彼はギリシアの四元素とアラビアの三原質（水銀，イオウと塩）を受けいれた．彼は不死の霊薬として作用する哲学者の石を，うまずたゆまず求め続け，それを発見したと主張さえした．彼はまた金属

亜鉛を発見したが，この話はいくらか本当らしい．彼が発見者とされてはいるが，亜鉛は，鉱石として，また銅との合金（しんちゅう）としては古代から知られていた．

死後半世紀以上たっても，彼は矛盾に満ちた人物であった．彼の後継者たちは，彼の見解の中にある神秘主義を強調することによって，それをある面では何か恐ろしいものにしてしまった．この堕落のため，錬金術が次第に明瞭さと合理性の時代に入ってゆく時にあたって，パラケルススは不人気なものとなった．

たとえばドイツの錬金術師リボー（1540頃-1616）——ラテン語の名前のリバビウスのほうが有名だが——は1597年に『錬金術』という本を出版した．この著作は中世錬金術の業績の集大成であって，その名に値する最初の化学教科書と考えられる．というのも彼ははっきりと，そして神秘主義ぬきで書いたのであった．事実彼は，錬金術の主要な機能は，医学の召使いとなることであるという点ではパラケルススと一致したけれども，彼が「パラケルスス派」とよんだ人たちのあいまいな理論については激しく攻撃した．

リバビウスは塩酸，四塩化スズ，硫酸アンモニウムの製法を記述した最初の人である．彼はまた「王水」の製法も記述したが，これは硝酸と塩酸の混合物で，金をとかすことができるのでこの名がある．彼はまた溶液が蒸発するときにできる結晶の形から，鉱物が同定できるかもしれないと述べた．

それにもかかわらず、彼は変成が可能であり、また金の製法の発見は化学の研究の重要な目的であると確信していた。

1604年にドイツ人のテルデ（彼については何も知られていない）は、もっと専門的な教科書を出版した。彼はこの本を中世の修道士バシル・バレンティンの作であるとしたが、この名前が彼自身の偽名であることはほぼ確かである。『**アンチモンの勝利の戦車**』という名前のこの本は、金属アンチモン、およびそれから導かれる化合物の医薬としての利用を主題にしている。

その後に、硫酸を食塩に作用させて塩酸をつくる方法の発見者であるドイツの化学者グラウバー（1604-68）が続いた。この操作で彼は残渣として硫酸ナトリウムを得たが、今日においてもなお、われわれはこれをグラウバー塩とよんでいる。

彼はこの物質に注意をひかれ、徹底的に研究し、その下剤としての働きも記録した。彼はこれを「すばらしい塩」とよび、万病に効く、ほとんど不死の霊薬といってよいものだと宣伝した。グラウバーはこの化合物や、その他彼が薬品として価値があると考えた化合物の製造事業にのり出し、立派な成功を収めた。金の製造の追求に賭ける一生に比べると、彼の一生は劇的な要素に乏しかった。しかしそれは極めて有用で、また利益をあげることのできた一生であった。

科学理論にはうとい人たちにとっても、実生活での経済

問題ははっきり感じられる．実際鉱物や医学の知識を増大させることが，あまりにも有用で，また利益をもたらすものであったから，金を追いかけてはてしなく馬鹿おどりをして，時間を無駄にすることはできなかった．

　事実 17 世紀に入ると錬金術の重要性は次第に衰え，18 世紀に入って，われわれが現在，化学とよんでいるものにかわっていった．

第 3 章 転換期

測　定

　このように進歩しつつあったけれども，化学知識はある面では科学の他の分野におくれをとっていた．

　天文学においては，定量的測定と数学的方法の利用の重要性が古代のころから認められてきた．一つには，古代人の取り組んだ天文学の問題は比較的やさしく，かなりのものが平面幾何学でも，充分正確に取り扱いうるためでもあった．

　数学と，注意深い測定とを物理学に応用して，イタリアの科学者ガリレイ（1564-1642）は劇的な結果を得た．彼は 1590 年代に落体の行動を研究した．彼の仕事の結果は，1 世紀後のイギリスの科学者ニュートン（1642-1727）の重大な結論の前触れとなった．1687 年に出版された著作，『数 学 原 理』（プリンキピア・マテマティカ）において，ニュートンは三つの**運動の法則**を導いたが，これは 2 世紀以上にもわたって，力学の基礎となった．同じ本でニュートンは彼の**万有引力の法則**を展開したが，これもまた 2 世紀以上もの間，宇宙の仕組みをうまく説明してきたし，今日でもなお，われわれが

観察したり，また達しうる速度の範囲では正しいのである．この理論に関して，彼は自ら考案した，新しくまた強力な数学の分野である微積分学を大いに利用した．

科学革命はニュートンにおいてその絶頂に達した．これ以後はギリシア人や，その他どんな古代人に対してもひけ目を感じる必要はなくなった．西ヨーロッパは彼らをはるかにしのいだので，もはや過去をふり返る必要はなかった．

しかしながら，ニュートンの画期的著作が現われて1世紀たっても，化学には，物理学に起こったような，単なる定性的記述から注意深い定量的測定への変化が起こらなかった．実際，ニュートンですら，科学界を驚かせた，美しさと確実さを兼ねそなえた天文学と物理学の近代的な骨組みを組み立てる一方，錬金術に熱中していた．彼は金を変成によって作れるような処方を，熱心にヨーロッパ中求めてまわった．

この誤った方法論がいつまでも続いている事情は，必ずしも化学者だけの罪ではなかった．化学者がガリレオやニュートンの定量的数学技術をなかなかとりいれなかったのは，彼らのとり扱った対象が，それを数学でうまく処理できるような簡単なかたちに表現することが大変に困難であったためである．

しかし，化学者は進歩を続け，ガリレオの時代においてすら，来たるべき化学革命のかすかなきざしがなかったわけではない．このきざしは，たとえばフランドルの医師フ

ファン・ヘルモント（1577-1644）の著作に認められる．彼は重さを計った土に木を植え，水を定期的に与え，木が生長するにつれて注意深く木の重さを計った．彼は木によって形成される生体組織が何からできるかを発見しようとしたので，測定の技術を化学のみならず，生物の問題にも適用したことになる．

ファン・ヘルモントの時代までに知られていた気体は空気だけであって，空気は他の物質とはっきり区別があり，違いがあったのでギリシア人は四元素の一つと数えていた（21頁参照）．実際，錬金術師たちはしばしば実験中に「空気」や「蒸気」を得たが，これらはつかまえどころのない物質で，研究や観察が困難で，とかく無視されがちであった．

これらの蒸気のもつ神秘さは，容易に気化する液体に与えられた名前の中に暗示されていた．これらの液体は「精」とよばれたが，もともとこの言葉には「息」とか「空気」とかの意味のほかに，同時に神秘的な，さらには迷信的な意味がはっきり含まれていた．われわれは今でも「アルコールの精（酒精）」とか「テレピンの精（精油）」などという言葉を使う．アルコールは揮発性液体のうちで最も古く，またよく知られているので，「精」はもっぱらアルコール飲料をさして用いられるようになった．

ファン・ヘルモントは自分のつくった蒸気について考え，またそれを研究した最初の化学者であった．彼はこれらは物理的外見は空気に似ているが，すべての性質が似て

いるのではないことを発見した．特に，燃えている木から得た蒸気は空気に似てはいるが，そのふるまいは空気と全く同じではなかった．

ファン・ヘルモントにとっては，定まった体積も定まった形もないこれらの空気に似た物質は（ギリシア神話によれば），宇宙がそこから創造されたという，形も秩序もない始原物質，ギリシア語の「カオス」に似ているように思われた．ファン・ヘルモントは蒸気を「カオス」の名前でよんだが，フラマン語の発音にあわせて綴ったので，それは**ガス**（気体）となった．この言葉は今日でもすべての空気に似た物質をさして用いられる．

ファン・ヘルモントが燃えている木からとり，注意深く研究した気体は「森のガス」とよばれたが，これは今日の**二酸化炭素**である．

初めて注意深い測定技術の対象となったのは，物体の最も単純な形である気体の研究であった．気体の研究は現代化学の世界にいたるハイウェイの役割を果たした．

ボイルの法則

ファン・ヘルモントの生涯の終わりころになると，気体，特に最もありふれた気体である空気は，新しい，そして劇的な重要性を獲得してきた．イタリアの物理学者トリチェリ（1608-47）は，1643年に空気が圧力をおよぼすことを証明した．彼は空気が30インチ（76センチ）の水銀柱を支えうることを示し，またそのことから気圧計を発明

した．

　気体の神秘性はただちに減少した．気体は，研究の容易な液体や固体と同じように，質量をもった物体であった．液体や固体との主な違いは，密度が極めて小さいという点であった．

　ドイツの物理学者ゲーリケ（1602-86）は，大気の質量がおよぼす圧力を，驚くべき方法で実際に証明した．彼は容器の中から空気を吸いだして，容器の外の気圧と内部の気圧とが異なるようにすることのできる空気ポンプを発明した．

　1654年にゲーリケは，グリースをぬったふちが，ぴったりと合うような，二つの金属製半球をつくった．二つの半球が合わせられ，内部の空気が空気ポンプによって除かれると，外部からの圧力が半球をしっかりと固定した．一連の馬が半球の各々に結びつけられ，反対方向に全力をあげてひっぱるよう，むちでかりたてられたが，それでも二つの半球を引き離すことはできなかった．しっかりくっついた半球に再び空気がおくりこまれると，それらは自然に離れ落ちた．

　このような公開実験は空気の性質に対する興味をひき起こした．特に，アイルランドの化学者ボイル（1627-91）も，その好奇心をかきたてられた．彼はゲーリケのものよりもすぐれた空気ポンプを考案した．そうして彼は空気を容器の中から吸い出してそれを膨張させてから，次には反対に空気を圧縮する，すなわちそれをおしこめる操作を試

みた．

　この実験で，ボイルは，用いた空気の体積は圧力に反比例して変化することを見いだした（4図）．彼はたいへん長い，特別あつらえの管に水銀を詰め，活栓のついた短い，一端の閉じた管に空気を閉じ込めることによって，この現象を発見した．長い，先の開いた管に水銀を加えることによって，閉じ込められた空気にかかる圧力は増す．閉じ込められた空気に倍の圧力がかかるだけの水銀（倍の重さの水銀）を加えてやると，空気の体積は半分になった．圧力が3倍になると体積は $\frac{1}{3}$ に減少した．これに反して，圧力を減らしてやると体積は膨脹した．体積が圧力の増加に比例して減少するという関係は，1662年に初めて発表されたが，これが今日なおボイルの法則と言われているものである．

　これは化学者にとって興味のある物質に起こる変化に，正確な測定を応用した最初の試みである[*]．

　ボイルの法則が成立するためには，温度が一定に保たれねばならない，ということをボイルは明示しなかった．おそらく彼はこれに気がついてはいたが，自明のことと考え

---

[*]　注意すべきことだが，ボイルによって研究された変化は実は化学変化ではない．どんなに圧縮されても，あるいは膨脹しても，空気は空気である．体積変化のような変化は**物理変化**と言われる．したがって，彼は化学物質の物理変化の学問である**物理化学**を研究していたことになる．物理化学はボイルの時代から2世紀たってから初めて確立した（第9章参照）が，ボイルはその基礎をきずいたのである．

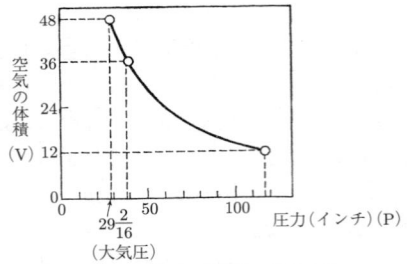

$K = V \times P$ $P = $ 大気圧＋水銀柱の高さの差

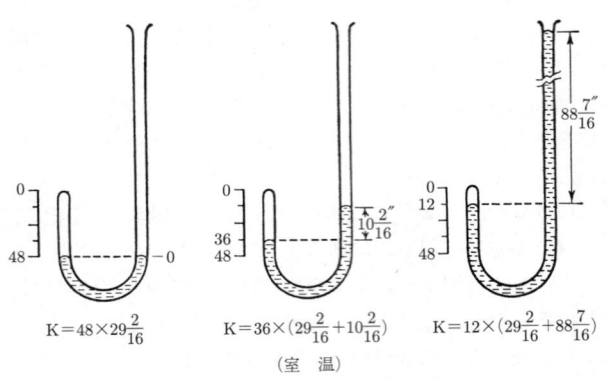

$K = 48 \times 29\frac{2}{16}$

$K = 36 \times (29\frac{2}{16} + 10\frac{2}{16})$

$K = 12 \times (29\frac{2}{16} + 88\frac{7}{16})$

(室温)

4図 定温における気体の圧力と体積の逆比例関係を確立したボイルの法則は，上図に示される実験から導き出された．管の長いほうの腕に入れられた水銀は，閉じ込められた空気を短い腕におく．水銀柱の高さを2倍にすると，空気の柱は $\frac{1}{2}$ になる．この関係は上記のグラフに示されているが，このグラフは双曲線の一部である．

たのであろう．ボイルの法則を 1680 年ころ独立に発見したフランスの物理学者マリオット（1630-84）は温度は一定に保たれねばならぬことを明示した．このためヨーロッパ大陸では，ボイルの法則はしばしば**マリオットの法則**とよばれる．

ボイルの実験は次第に数を増す原子論者に，焦点となるべきものを提供した．すでに述べたように（43 頁参照），印刷された本になったルクレティウスの詩は，ギリシア人の原子論についての見解に対する注意をヨーロッパの学者のなかにひき起こした．その結果，フランスの哲学者ガッサンディ（1592-1655）は原子論を確信するようになり，彼の著作はボイルに感銘を与え，そのためボイルもまた原子論者となった．

液体と固体とを問題にするかぎり，原子論の証拠はボイルの時代でも，デモクリトスの時代とあまり変わりばえがしなかった（25 頁参照）．液体や固体は，ほとんど問題にならない程度にしか圧縮されない．もし液体や固体が原子から成っているのであれば，原子は互いに接しているにちがいなく，これ以上押しつけることはできない．したがって液体や固体が原子からできていると論ずるのはむつかしくなる．なぜならば，もしこれらが連続した物質からできていても，圧縮することがたいへんむつかしいという事情は同じはずであるからである．それならば，何も原子などを持ちだす必要はないではないか？

すでに古代においても観察されていたように，また今や

ボイルが劇的に明瞭にしたように、空気は容易に圧縮される。もし空気が空虚な空間によってへだてられた、小さい原子からできているのでないならば、どうしてこのようなことが起こりうるだろうか。空気を圧縮するということは、原子論の見地からすれば、空気の占めている体積から空虚な空間をしぼりだして、原子をより近く押しつけることに他ならない。

　もし気体に関して原子論をうけ入れるならば、液体や固体もまた原子からできていると信じるのも容易になる。たとえば水は蒸発する。水が少しずつなくなっていくのでなければ、何が起こっているというのであろうか？　また水の原子が一つずつ蒸気になるのだと考えるより簡単な考え方があろうか？　水を熱すれば沸騰が起こり、水蒸気が生じるのが目に見える。水蒸気は気体に似た物質のもっている物理的性質をもっているから、原子からなっていると考えても不思議ではない。もし水が気体状態で原子からできているのならば、液体の時でも、そしてまた氷となった固体の時でも原子からできていないはずはない。そして水に原子論が成立するのならば、他のすべての物体についても原子論が成立するはずではないか？

　この種の議論は印象的であった。そして2000年前に原子というものが想像されてから初めて、原子論は多くの帰依者を得るようになった。たとえばニュートンは原子論者になった。

　それにもかかわらず、原子ははっきりしない概念上の存

在にとどまっていた．原子が存在すると仮定すると気体のふるまいを容易に説明できる，という以上には原子について言えることはなかった．原子論がはっきりした焦点の中に入ってくるまでには，さらに1世紀半の時の経過が必要であった．

元素についての新しい見解

ボイルの生涯は，「錬金術」や「錬金術師」といった言葉が使われなくなった時期を示している．ボイルは1661年に発行された『懐疑的化学者』という本を書くにあたって，これらの語の最初の音節（al）を除いた．この時以来，この科学を「化学」とよび，この分野で働く人を「化学者」というようになった．

ボイルは，第一原理から演繹された古代のいろいろな考え方を，盲目的に受けいれるのをもはや潔しとしなかったという意味で，「懐疑的」であった．特に，ボイルは単に推論によって，宇宙の元素を決めようという古代人の試みに満足できなかった．推論のかわりに，事実に即した，実際的な方法で彼は元素を定義した．タレスの時代（18頁参照）からこのかた，元素というものは宇宙を構成する根本的な単一物質であると考えられてきた．そこで，ある物質が元素であるかどうかを決めるには，それがはたして単一であるか否かを見る必要がある．もしある物質がそれよりも単純な物質に分解されるならば，それは元素ではない．そのより単純な物質は，それがさらにより単純な物質

に分解されることを化学者が知るまでは、元素とみなされた.

さらにまた、二つの物質がそれぞれ元素であれば、これらはしっかりと結合して化合物とよばれる第三の物質をつくることができる. とすると、その化合物は必ず元の二つの元素に分解されるはずである.

この見解における「元素」という言葉はただ実際的な意味しかもっていない. たとえば、実験化学者が石英を二つまたはそれ以上のより単純な物質に変える方法を発見するまで、石英は元素であると考えることもできた. この見解によれば、どんな物質でも、暫定的な意味で元素であるにすぎない. というのも、知識がすすんで、元素とみなされていたものを、より単純な物質に分解する方法が、いつ見いだされるか誰にもわからないからである.

元素の性質が暫定的な意味でなく定義できるようになったのは、20世紀に入ってからであった.

元素を定義するのに実験的方法を用いようと、ボイルが考えたこと（最終的にはこの方法がとられたのであるが）は、当時彼がどれとどれが異なる元素であるかを知っていたことを意味しない. 実験的方法を行なってみても、火、空気、水および土のギリシアの元素はやはり元素であることを証明する結果になったかもしれない.

たとえば、ボイルは、いろいろな金属は元素ではなく、一つの金属を他の金属に変えることができるという錬金術の見解の正当性を確信していた. 1689年に彼はイギリス

政府に対して，錬金術による金の製造を禁止する法律（彼らもまた経済の動揺を恐れた）を廃止するよう主張した．彼は卑金属から金をつくることによって，化学者は原子論的物質観を証明するのに力をかすことができると感じていた．

この点でボイルはまちがっていた．金属は元素であることが証明された．事実，今われわれが元素と認めている9種の物質が古代から知られていたのである．7種の金属（金，銀，銅，鉄，スズ，鉛，水銀）と2種の非金属（炭素とイオウ）がこれである．この他，中世の錬金術師によく知られていた4種の物質，砒素，アンチモン，ビスマス，亜鉛は現在元素と認められている．

ボイルは間一髪のところで新元素の発見者になれなかった．1680年に彼は尿からリンを得た．しかしながら，5年か10年前，この業績はすでにドイツの化学者ブラント（?-1692頃）によって達成されていた．ブラントはよく「最後の錬金術師」とよばれるが，実際彼の発見も，哲学者の石を探していたときの所産で，彼はこれが（ところもあろうに）尿の中に発見されるだろうと考えていた．ブラントは，現代科学の発達以前には，どんなかたちででも知られていなかった元素を発見した最初の人である．

フロギストン

大気圧と，真空をつくって，大気圧を働かせることによって可能となった離れわざに関する17世紀の発見は，重

要な結果をうんだ．ある人は，空気ポンプを用いなくても真空をつくることができるかもしれないと考えた．水を沸騰させて，小さい部屋を水蒸気で満たし，それから外側から冷たい水で部屋を冷却したらどうなるであろうか．部屋の中の水蒸気は凝縮して数滴の水となり，そのかわりに真空ができる．もし部屋の壁の一つが動くようになっていれば，壁の外側の大気圧によって壁は部屋の中に押し込まれるであろう．

もしもっと水蒸気がつくられ，部屋に送りこまれるならば，動く壁は再び外部に向かって膨脹してゆく．水蒸気が再び凝縮されると，壁はまた内側に押し込まれる．動く壁がピストンの一部であるとすれば，このピストンが部屋の中に入ったり出たりするであろう．そしてまたこの往復運動を，たとえばポンプを動かすのに用いうることがわかる．

1700年までに，このような**蒸気機関**はイギリスの技術者セーヴァリー（1650頃-1715）によって実際に製造された．当時はまだ高圧水蒸気を安全に制御できなかった時代であったから，高圧水蒸気を用いるこの機械は極めて危険なものであった．ところが，セーヴァリーと共同で仕事をしていたもう一人のイギリス人ニューコメン（1663-1729）は，低圧水蒸気で働く蒸気機関を考案した（5図）．18世紀の終わりごろにはスコットランドの技術者ワット（1736-1819）はこの装置を改良して，充分実用になりうるものとした．

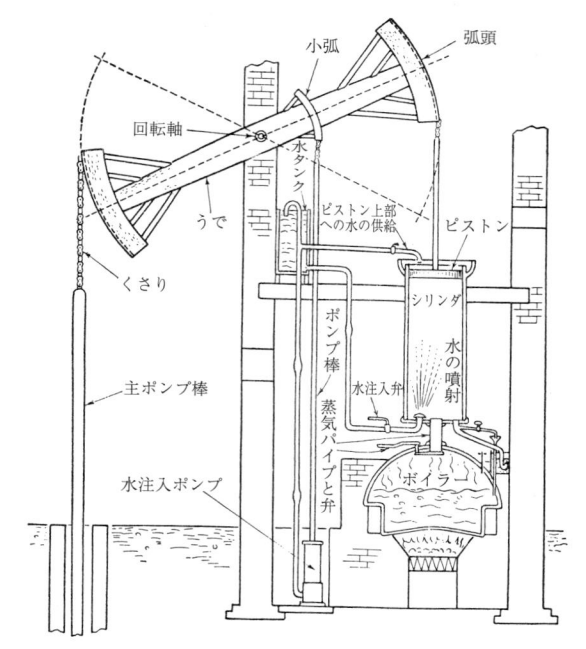

5 図 ニューコメンのポンプ機関は大気圧で動いた．シリンダに噴射された水は水蒸気を凝縮させ，真空をつくる．ピストンは真空側に下向してくるが，水蒸気が新たに注入されると，上方にもどって1行程を終わる．

これらの努力の結果，人間はもはや自分自身の筋肉や，動物の筋肉にたよる必要はなくなった．また，あてにならない風力や，限られた場所にしかない流れる水のエネルギーにたよることもなくなった．そのかわりに，木か石炭を燃やして水を沸かすだけで，すきな時にすきな場所で使えるエネルギー源をもつことになった．これこそ「産業革命」を発足させた主要な要素であった．

　1650年以来，火の新しい使い方，つまり蒸気機関を通じて，火にこの世のすべての重労働をやらせる可能性に対する興味がましてくるにつれて，化学者たちは火の新しい面を知るようになった．なぜ，ある物は燃えるのに，あるものは燃えないのであろうか？　古いギリシアの考え方によれば，燃えることのできるものは，それ自身のうちに火の元素を含んでいて，適当な条件のもとで，この何ものかが放出される．可燃性物質は「イオウ」の本体（必ずしも実際のイオウではないが）を含んでいる物質である，と考えられていた点を除いては，錬金術的考え方もギリシア的考え方と同じようなものであった．

　1669年，ドイツの化学者ベッヒャー（1635-82）は，新しい名前を導入することによって，この概念をさらに合理化しようとした．彼は固体は3種の「土」からできていると考えた．この一つを彼は「油性の土」と呼び，これこそ可燃性の本体であると感じた．

　ベッヒャーのややあいまいな教義の後継者は，ドイツの医師兼化学者シュタール（1660-1734）であった．彼は可

燃性の本体に対してさらに新しい名前を与え,「点火する」という意味のギリシア語からとって,これを**フロギストン**とよんだ.彼はさらに,燃焼を説明できるような,フロギストンを含んだ体系を考えだした.

シュタールは可燃物はフロギストンに富み,また燃焼の過程はフロギストンの空気中への放出を含む,とした.燃焼のあとに残るものはフロギストンを含まないので,もはや燃えることはできなかった.つまり,木はフロギストンをもっていたが,灰はもっていなかった.

シュタールはさらに,金属が錆びるのも木が燃えるのと同じ現象で,金属はフロギストンを有するが,錆び(または「金属灰」)は有しないと考えた.これは極めて重要な洞察で,文明人の最初の偉大な化学上の発見,すなわち,岩石のような鉱石の金属への変換もこれによって合理的に説明されるようになった.その説明は,以下のようなものであった.フロギストンに乏しい岩石のような鉱石が,フロギストンに極めて富んだ木炭と共に加熱される.フロギストンは木炭から鉱石に移るので,フロギストンに富んだ木炭がフロギストンに乏しい灰になる一方,フロギストンに乏しい鉱石はフロギストンに富んだ金属になる.

空気自身は燃焼に際して間接的な役割しか果たしていないとシュタールは考えた.というのも,空気は木や金属からでてきたフロギストンをつかまえて,それを別の何か(別の何かがあればの話だが)にわたす担体の役割を果たしたにすぎないからだ.

シュタールのフロギストン説は初め反対をうけた．特にオランダの医者ブールハーフェ (1668-1738) は，通常の燃焼と錆びつきは，同じ現象の異なった現われではあり得ないと論じた．

実際一方の場合には炎があり，他の場合にはない．だがシュタールは次のように説明した．木のような物質の燃焼の場合は，フロギストンが極めてすみやかに木から離れるので，フロギストンの通った後，周りは熱せられて炎となり，目にみえるようになる．錆びる場合は，フロギストンの放出は遅く炎は現われない．

ブールハーフェの反対にもかかわらず，フロギストン説は18世紀を通じて人気があった．極めて多くのことをうまく説明することができるようにみえたので，1780年までに，フロギストン説はほとんどすべての化学者に受けいれられるようになった．

しかしながら，シュタールも，またその後継者たちも説明できない困難な点が一つあった．木，紙，油脂などの，ほとんどすべての可燃物は燃えると大部分消失してしまうように見え，残った灰は，もとの物質よりも，はるかに軽かった．これはフロギストンが元の物質から離れてしまったのだから，おそらく予想どおりのことと思われる．

しかし，金属が錆びる時にも，シュタールによると，フロギストンが失われたのだが，錆びは元の金属より重かった（このことは1490年ころ，すでに錬金術師にも知られていた）．18世紀の化学者の一部が主張しようと試みたよ

うに，フロギストンは負の質量をもっていて，それを失った物質は前より重くなったのであろうか？ もしそうなら，なぜ木は燃焼によって軽くなったのであろうか？ 正の質量をもったものと，負の質量をもったものと，2種のフロギストンがあったのだろうか？

この解答不能の問題も，18世紀においては今日考えられるほど重大ではなかった．われわれは現象を正確に測定するのが習慣であるから，質量の予期しない変化に出会うと，動揺する．ところが18世紀の化学者は正確な測定の重要性をまだ認識していなかったので，思いがけない質量の変化が起こっても，ただ肩をすくめるだけですませることができた．フロギストン説が外観や性質の変化を説明できるかぎり，質量の変化は無視してもかまわないと彼らは考えた．

第4章 気　体

二酸化炭素と窒素

　燃焼の際の謎めいた質量変化の説明は，もちろん，生成物ができる間に現われたり消えたりする気体に見いだされるべきものであった．1世紀前の人，ファン・ヘルモント（52頁参照）の時から，気体に関する知識は少しずつは増えつつあったのだが，シュタールの時代においてすら，ただその存在を認める以外に，気体について何らかの形で考慮をはらおうとした人は一人もなかった．燃焼時の体積変化を考える際にも，研究者たちはただ固体や液体のみを注目した．灰は木よりも軽かったが，しかし燃える木から放たれた蒸気はどうなったのであろうかと考えた人はいなかった．錆びは金属よりも重かったが，錆びは空気から何かを得たのではないかと考えた人もいなかった．

　この欠点が改められるまでには，化学者たちはもっと気体となじむ必要があった．つかまえ，そして閉じ込めるのがいかにも困難であるように見える物質に対する恐怖，これが克服されなければならなかった．

　イギリスの生物学者ヘイルス（1677-1761）は，18世紀

の初め，気体を水上置換で集めたが，これは正しい方向への第一歩であった．化学反応の結果生じた蒸気は，管を通じて，水そうの中にさかさまに置かれた水を満たした容器の中に送られた．気体は泡となって容器の中に入り，開いた底から水を押し出して，それと置きかわった．このようにしてヘイルスは反応によって生じた特定の一つまたはいくつかの気体を，容器に満たすことができたのであった．

彼自身は，自分でつくり，そしてつかまえた，いろいろな気体を相互に区別することもできなかったし，またその性質を調べることもしなかった．しかし，ただ気体を捕捉する簡単な技術を考案したということだけでも，第一級の重要性をもつことであった．

スコットランドの化学者ブラック（1728-99）は別の重要な一歩をふみ出した．1754年に彼に医学博士の学位をもたらした論文は，化学の問題（当時は鉱物学と医学とが密接にからみ合っていた時代であった）を取り扱っていた．彼は，その発見を1756年に出版した．彼は鉱物としての石灰石（「炭酸カルシウム」）を強熱した．この炭酸塩は分解して気体を生じ，後には石灰（酸化カルシウム）が残った．放出された気体を酸化カルシウムと再結合させることができたが，生じたのは元の炭酸カルシウムであった．気体自身（二酸化炭素）はファン・ヘルモントの「森のガス」（53頁参照）と同一であったが，ブラックは，これを一つの固体物質の一部となるように結合させる（「固定される」）ことができることから，「固定空気」とよん

だ．

　ブラックの発見は，いろいろの理由から重要であった．まず第一に，彼は二酸化炭素は木を燃やすことによっても，鉱物を熱することによっても生じることを示したが，これは生物界と非生物界の間に重要な関連が生じたことを意味した．

　さらに彼は，気体物質は固体や液体から放出されるだけではなく，これらと結合して化学変化をひき起こしうることを示した．この発見によって気体の神秘性はうすれ，気体もまた，よりなじみ深い固体や液体と（少なくとも化学的には）共通の性質をあわせそなえた物体の一種であることがわかった．

　さらにまたブラックは，酸化カルシウムを空気中に放置しておくと，次第に炭酸カルシウムになることを示した．このことから彼は，空気中にはいくらかの二酸化炭素があると（正しくも）結論した．空気は単一物質ではない，したがって，ギリシア人の考えとはちがって，ボイルの定義によれば元素ではないということが，はじめて明確に示された．それは少なくとも二つのはっきりと異なる物質，普通の空気と二酸化炭素を含んでいた．

　炭酸カルシウムにおよぼす熱の効果を研究しているとき，ブラックはその際の質量減少を測定した．彼はまた一定量の酸を中和する炭酸カルシウムの量を測定した．これは定量的測定の化学変化への応用の，巨大な一歩であった．この分析方法はほどなくラヴォアジエにおいて全く熟

達されたものとなった．

　二酸化炭素の性質を研究中，ブラックはロウソクはこの中では燃えないことを発見した．ふつうの空気を含んだ，密閉した容器の中で燃えているロウソクは，やがて消え，残った空気はもはや燃焼を支えることはできなかった．燃えるロウソクは二酸化炭素を生じるから，この現象は合理的であった．しかし閉じ込められた空気の中の二酸化炭素が，化学薬品によって吸収されても，まだ吸収されない気体が残った．この残った気体は二酸化炭素ではないのであるが，燃焼を支えることができなかった．

　ブラックはこの問題を弟子の一人であるスコットランドの化学者ラザフォード（1749-1819）に伝えた．ラザフォードは密閉した空気の中でネズミを飼い，それが死ぬのをまった．さらに残った空気の中で消えるまでロウソクを燃やした．その後，残っている空気の中でもう燃えなくなるまでリンを燃やした．次にこの空気を二酸化炭素を吸収する力のある溶液に通じた．ここで残った空気は燃焼を支えることはできなかった．この中ではネズミは生きてはいけず，ロウソクは燃えなかった．

　ラザフォードは，この実験を1772年に発表した．ラザフォードもブラックも共にフロギストン説の正当性を確信していたので，彼らはこの結果をフロギストン説の言葉で説明しようとした．ネズミが呼吸し，ロウソクやリンが燃えるにつれて，フロギストンが放たれて，これが生じた二酸化炭素と共に空気に入っていった．あとで二酸化炭素が

吸収されると，残った空気は多くのフロギストンを含む．実際，飽和してしまうほどのフロギストンを含んでいて，もうこれ以上フロギストンを受けとることはできなかった．このため物体は，もはやこの中では燃えようとしないのであった．

このような考えに基づいて，ラザフォードは彼が単離した気体を「フロギストン化空気」とよんだ．今日われわれはこれを**窒素**とよび，ラザフォードにこの発見の栄誉を与えている．

水素と酸素

このころ，フロギストン説の信奉者であった二人のイギリスの化学者が，気体の研究をさらにおし進めていた．

その一人はキャベンディッシュ（1731-1810）である．彼は金持ちの風変わりな人間で，いろいろな分野で研究を行なったが，秘密主義者で，いつでも仕事の結果を発表するとは限らなかった．幸いなことに，気体についての研究結果は発表された．

キャベンディッシュは，酸がある種の金属と反応したときに生じる気体に特に興味をひかれた．この気体は以前にもボイル，ヘイルス，そしてたぶんその他の人たちによって単離されていた．しかしキャベンディッシュは1766年初めてその性質を組織的に研究した．そのため，通常，彼はこの気体の発見者とみなされている．後にこの気体は**水素**と名づけられた．

キャベンディッシュは，いろいろな気体の一定体積の質量を測定して，気体の密度を決めようとした最初の人である．彼は水素が例外的に軽く，空気のわずか $\frac{1}{14}$ の密度しかないことを発見した（水素は今でも，知られている限りでは密度最小の気体である）．それはまた第二の，尋常でない性質をもっていた．すなわち，二酸化炭素や，空気自身とはちがって，極めて燃えやすかった．キャベンディッシュは，この気体が非常に軽く，また燃えやすいことから，フロギストンを実際に単離したのではないかと考えた．

第二番目の化学者はプリーストリー（1733-1804）であった．彼は化学を熱心に道楽にしていたユニテリアン派の牧師であった．1760年代の後半，彼はイングランドの都市，リーズの牧師職についたが，たまたま牧師館の隣りが醸造所であった．穀物を発酵させれば二酸化炭素が生じるので，プリーストリーはこれを大量に実験に用いることができた．

二酸化炭素を水上に集めているうちに，彼は二酸化炭素がいくらか水にとけ，水に快い酸味を与えることを見いだした．これは今日われわれが「炭酸水」とか「ソーダ水」と呼んでいるものである．清涼飲料水を製造するには，これにただ風味と砂糖を加えればよいのであるから，プリーストリーは現代ソフトドリンク工業の父と見なされてもよかろう．

1770年代の初めにもプリーストリーは気体の研究を続

けた．当時においては，わずか3種の気体が他と区別できるのみであった．空気自身，ファン・ヘルモントおよびブラックの二酸化炭素，キャベンディッシュの水素がこれである．ラザフォードは第4番目の気体として，窒素を加えようとするところであった．しかしプリーストリーは数多くの気体をさらに単離し，研究すべく前進した．

　二酸化炭素で得た経験から，気体のあるものは水に溶けて実験中に失われることがわかったので，彼は気体を水のかわりに水銀上に捕集しようと試みた．この方法によって彼は（現代の名前で言えば）酸化窒素，アンモニア，塩化水素，二酸化イオウなどの気体を集め，研究することができたが，これらの気体はすべて水に溶けやすく，水中に導けば溶けてしまって，集めることのできないものばかりであった．

　1774年に，気体の研究に際して水銀を使用することがプリーストリーの最も重要な発見のきっかけとなった．水銀を空気中で加熱すると，煉瓦色の「金属灰」（現在は酸化第二水銀と呼ばれている）を生じる．プリーストリーはこの金属灰の少量を試験管にとり，レンズを用いて太陽光をその上に集めて加熱した．金属灰は再び水銀に分解し，美しく輝く粒となって試験管の上方に現われる．分解する金属灰はこの他に全く類のない性質をもつ気体を発生した．この気体の中では可燃性物質は空気中よりも鮮やかに，そしてすみやかに燃焼した．いぶっている燃えさしをこの気体の容器に投げ込むとぱっと燃え上がった．

プリーストリーは，この現象をフロギストン説によって説明しようとした．この気体中では物体は容易に燃焼することから考えると，物体はこの中では極めて容易にフロギストンを放つことができるに違いない．この気体は，通常含まれている量のフロギストンが取り去られたため，新しいフロギストンの供給を特に強く受け入れるようになった，空気の一種としか考えられないのではないか？　プリーストリーはこの新しい気体を，そのような理由から「脱フロギストン空気」（数年後には現在呼ばれているように**酸素**と改名された）と呼んだ．

実際，プリーストリーの「脱フロギストン空気」は，ラザフォードの「フロギストン化空気」の正反対であるように見えた．ハツカネズミは後者中では死んでしまうが，前者中では元気ではねまわった．プリーストリーもいくらかの「脱フロギストン空気」を吸ったところ「心身爽快」であることを見いだした．

しかしラザフォードもプリーストリーも共に，18世紀においてスウェーデンを科学の第一線に押し出した，一群の化学者の一人であるシェーレ（1742-86）に先んじられた．

スウェーデン人の一人ブラント（1694-1768）は1730年ころ，銅鉱石に似てはいるが，通常の処理をほどこしても銅を生じないので，鉱山業者たちをひどく怒らせていた青い鉱石の研究をした．鉱山業者たちはこの鉱石は，彼らが「コボルド」と呼んでいる土の精に，魔法をかけられた

のだと考えた．ブラントはこの鉱石には銅は含まれていないが，（化学的性質では鉄に似ている）新しい金属が含まれていることを示し，土の精にちなんでそれを**コバルト**と名付けた．

1751 年にクローンステット (1722-65) は極めてよく似た金属ニッケルを発見し，ガーン (1745-1818) は 1774 年にマンガンを単離，イェルム (1746-1813) は 1782 年にモリブデンを単離した．

スウェーデン人によるこれらの金属の発見は，この国において鉱物学が達していた進歩をはっきりと示した．たとえばクローンステットは吹管を鉱物の研究に利用しはじめた（6 図）．吹管は長い，先が細くなった管で，広い口のほうから空気を吹き込めば，細い先から濃縮された空気の噴流がでてくる．この噴流を炎に向ければより高い熱が得られる．

熱せられた炎が鉱物に当たれば，炎の色，生成する気体の性質，残る酸化物または金属などから鉱物の組成に関する知見が得られる．1 世紀にわたって吹管は**化学分析**の最も重要な道具であった．

吹管などの新しい技術を通して，鉱物に関する充分の知識が得られたと感じたクローンステットは，鉱物は単にその外見ばかりではなく，その化学構造によって分類できると主張してもよいと思った．この新しい分類形式を取り扱った本は 1758 年に出版された．

この仕事は，スウェーデンの他の一人の鉱物学者ベリマ

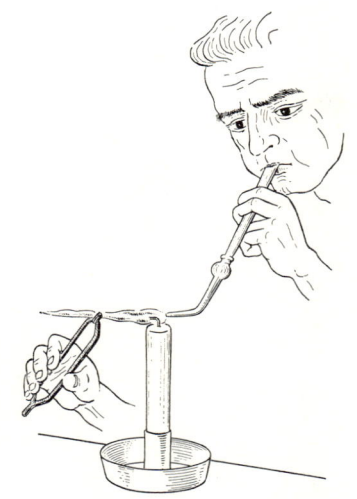

6図 スウェーデンの化学者クローンステットによって実験室で用いられるようになった吹管は，1世紀以上も化学分析の最大の武器であったし，まだ今日でも用いられている．管から出る空気の噴流は炎の熱をたかめ，方向づける．

ン（1735-84）によってさらに進められた．ベリマンはなぜ物質1は物質2と反応するが，物質3とは反応しないかの説明の理論を展開した．彼は程度の差こそあれ，物質間に「親和力」（即ち引力）が存在すると唱えた．彼はさまざまの親和力の精巧な表をつくったが，この表は彼の存命中および死後数十年の間影響力が強かった．

　シェーレは初め薬局の見習であったが，ベリマンは彼

に注目し，親しく交わりながら彼を援助した．シェーレは多くの酸を発見したが，その中には植物界に存在する酒石酸，クエン酸，安息香酸，リンゴ酸，シュウ酸，没食子酸，動物界に存在する乳酸，尿酸，鉱物界に存在するモリブデン酸，亜ヒ酸などが含まれていた．

彼はまた3種の極めて毒性の強い気体をつくり，研究した．それらはフッ化水素，硫化水素，シアン化水素であった．（彼は若くして世を去ったが，それは彼が研究し，いつも味を試していた化学薬品にゆっくり冒された結果であったと想像される．）

シェーレはまた彼のスウェーデン人の友達の栄誉に帰せられた，元素の発見の多くにも参画していた．最も重要なことは，彼が1771年と1772年にそれぞれ酸素と窒素をつくったことである．彼は酸素と弱く結合している多くの物質，たとえば数年後プリーストリーによって用いられた酸化水銀などを加熱して酸素を得た．

シェーレは実験結果を注意ぶかく記述したが，出版者の怠慢のため彼の記述は1777年まで印刷されなかった．その時までにラザフォードとプリーストリーの仕事が発表され，発見者の栄誉は彼らのものとなってしまった．

測定の勝利

18世紀も終わりに近づくと，気体に関してなされた多くの重要な発見は何らかの統一的理論にまとめ上げられる必要があった．この仕事をなすべき人も登場した．その人

こそフランスの化学者ラヴォアジエ (1743-94) であった.

化学の研究を始めたばかりの時からラヴォアジエは正確な測定の重要性を認めていた.そんなわけで 1764 年になされた彼の最初の重要な仕事は,石膏の組成に関する研究であった.彼はこれを加熱して含まれている水を追い出し,失われた水の量を測定した.彼はブラックやキャベンディッシュのように化学変化に測定を応用する人たちの仲間に加わった.しかしラヴォアジエは測定を,より体系的に行ない,それをもはや役に立たない,化学の進歩を抑えないまでも妨害している古い理論を打ち破るために用いた.

たとえば,1770 年においてすら,古代ギリシアの元素の概念にしがみつき,長時間加熱することによって水は土に変わるのであるから変成は可能であると信じている人もいた.水を何日もガラス容器中で加熱すると固体の沈殿が生じるので,この想定は(初めはラヴォアジエにとっても)もっともであるように見えた.

ラヴォアジエはこのいわゆる変成を視覚にたよる以上の方法で試験することにした.水蒸気が凝縮してフラスコにもどるので,実験中に物質が失われることのないような装置の中でラヴォアジエは水を 101 日間煮沸した.もちろん彼は質量の測定を忘れなかった.彼は長期間の煮沸の前後の水と容器の重さを測った.

確かに沈殿物は生じたが,煮沸の前後で水の質量には変化がなかった.したがって,その沈殿物は水から生じたは

ずはなかった．ところがその沈殿物をけずり落とした後のフラスコ自体は，ちょうどその沈殿物の質量に等しいだけ目方が軽くなっていることがわかった．別の言葉で言えば，その沈殿物は，熱水にゆっくりと侵されて，固体の小片となって沈殿したガラスの成分であって，土になった水ではなかった．これは，測定によって事実の合理的な証明が得られるのに対して，目の証言だけでは誤った結論が導かれるというはっきりした例であった．

ラヴォアジエは燃焼に興味をもった．その理由は，第一に燃焼は18世紀における需要な化学上の問題であったこと，第二に彼は1760年代に街路照明の改良法について書いた論文によって初期の成功を収めていたということであった．1772年に，彼が他の化学者と共同出資してダイヤモンドを買い，密封容器中でそれが消失するまで加熱したのが，その研究の手始めであった．二酸化炭素が生じたが，その事実からダイヤモンドは炭素の一形態であり，それゆえにダイヤモンドは何にもまして石炭と密接な関係をもつことが初めてはっきりと証明された．

彼はさらに密封容器中一定量の空気と共にスズ，鉛などを加熱した．この二つの金属は共にある一定量まで表面に「金属灰」の層をつくったが，それ以上は錆びなかった．フロギストン説を支持する人は，空気は，含むことができるだけの量のフロギストンを金属から吸収したのだと主張したであろうが，すでによく知られていたように，金属灰は金属自身よりも重かった．しかし，ラヴォアジエが加熱

後全容器（金属，金属灰，空気などすべて）の質量を測ったところ，その質量は加熱前と正確に等しかった．

このことから，金属が部分的に金属灰になる際に質量が増したとすれば，容器の中の何かが等しい質量を失ったはずであることがわかった．この何か他のものは空気であるように考えられた．もしそうであるならば，容器の中はいくらか真空になったはずである．確かにラヴォアジエが容器を開くと，空気が勢いよく入っていった．その後では，容器と内容物の質量は増していることがわかった．

このようにしてラヴォアジエは金属から金属灰への変化は，神秘的なフロギストンが失われた結果ではなく，極めて物質的なもの，すなわち空気の一部が加えられた結果であることを示した．

こうして彼は鉱石から金属の生成についての新しい説明を行なうことに成功した．鉱石は，金属と気体の結合したものであった．鉱石を木炭と共に熱すると，木炭は鉱石から気体を奪って二酸化炭素を生じ，後には金属が残るのである．

つまりシュタールは，製錬の過程を木炭から金属へフロギストンが移動することだと述べたのに対して，ラヴォアジエはそれを，気体が鉱石から木炭に移動する過程を含むものだと述べたのである．だがこの二つの説明は互いに逆の言葉で言いかえた，同じ内容のものではなかったか？　ラヴォアジエの説明がシュタールの説明にまさるという理由があったであろうか？　確かにその理由はあった．ラヴ

ォアジエの気体移動の理論によって，燃焼の際に見られる質量変化を説明することができたのである．

金属灰は，加えられた空気の部分の質量だけ，元の金属よりも重かった．木も空気を取り込んで燃えるが，新しく生じる物質（二酸化炭素）自身も気体であって空気中に消えてしまうので質量を増すようには見えなかった．そして残った灰は元の木よりは軽かった．もし，密封容器の中で木を燃やすならば，燃焼過程中に生じた気体は反応系の中に留まり，したがって灰，生じた蒸気，および空気中に残っている物質の質量の和は，木と空気の元の質量に等しいにちがいない．

事実，ラヴォアジエはいろいろ実験を行なっている間に，もし化学反応にあずかるすべての物質とすべての生成物を考慮するならば，質量の変化は決して起こらないと考えるようになった．

そこでラヴォアジエは，質量は決してつくり出されたり，失われたりすることはなく，ただある物質から他の物質に移動するだけであると主張した．この概念が19世紀化学の基礎になった**質量保存の法則**である*[)]．

測定によって得られたラヴォアジエの業績は，ここに述べたように非常に偉大であったから，彼の時代以後化学者

---

*) 20世紀が始まると，この法則は不完全であることがわかったが，20世紀科学がますます複雑精巧になってきたために必要となる補正は極めて微少で，それは化学実験室で起こる通常の反応の場合には無視できる．

たちは測定の原理を心から受け入れるようになった．

燃　焼

ラヴォアジエはこれですっかり満足したわけではなかった．空気は金属と化合して金属灰を，木と化合して気体を生じるが，空気の全量がこのように化合するのではない．化合するのは約 $\frac{1}{5}$ であった．これは何故であったか？

「脱フロギストン空気」（75頁参照）の発見者プリーストリーは1774年パリを訪れ，自分の発見をラヴォアジエに説明した．ラヴォアジエはただちにその意義を認め，1775年に彼の見解を発表した．

彼は空気は単一の物質ではなく，二つの気体の1対4の混合物であると述べた．空気の $\frac{1}{5}$ はプリーストリーの「脱フロギストン空気」（残念なことにラヴォアジエはプリーストリーに正当な栄誉を与えることを怠ったが）であった．燃焼したり錆びたりする物質と化合し，鉱石から木炭に移動し，そして生命に不可欠なものは空気のこの部分であり，そしてこの部分だけであった．

この気体に酸素の名前を与えたのはラヴォアジエであった．ラヴォアジエは酸素はすべての酸に必要な要素であると考えていたので，この名前を「酸をつくる者」という意味のギリシア語からとった．後にわかったように，彼はこの点では誤っていた（115頁参照）．

燃焼や生命を支えることのできない残りの $\frac{4}{5}$ の空気（ラザフォードの「フロギストン化空気」）はまったく別の

気体であった．ラヴォアジエはこれを「アゾート」（「生命がない」という意味のギリシア語からとった）と呼んだが，後に「ナイトロジェン」〔訳註　日本語では「窒息」にちなんで「窒素」となった〕という言葉が用いられるようになった．この言葉の意味は「硝石をつくる」であるが，それはありふれた鉱物である硝石が，窒素を一成分として含んでいることがわかったからであった．

われわれ人間は酸素に富み，二酸化炭素に乏しい空気を吸い込み，酸素に乏しく，二酸化炭素に富む空気を吐き出すので，ラヴォアジエは，生命は燃焼に類似の過程で支えられていると確信した[*]．彼と共同研究者ラプラス（1749-1827）——後に有名な天文学者になった——は動物が取り込む酸素と排出する二酸化炭素を測定しようと試みた．その結果は，吸いこまれた酸素の一部が，二酸化炭素として吐き出されてはいないというおかしなものであった．

1783年に，キャベンディッシュはまだ彼の発見した可燃性気体（72頁参照）の研究を続けていた．彼はその気体のいくらかを燃焼させてその結果を研究した．彼は燃焼によって生じた蒸気が凝縮して液体となったが，それが水に他ならないことを見いだした．

これは決定的に重要な実験であった．第一に，この実験はギリシアの元素理論に対するもう一つの大きな打撃だっ

---

[*]　この点で彼は正しかった．

燃焼

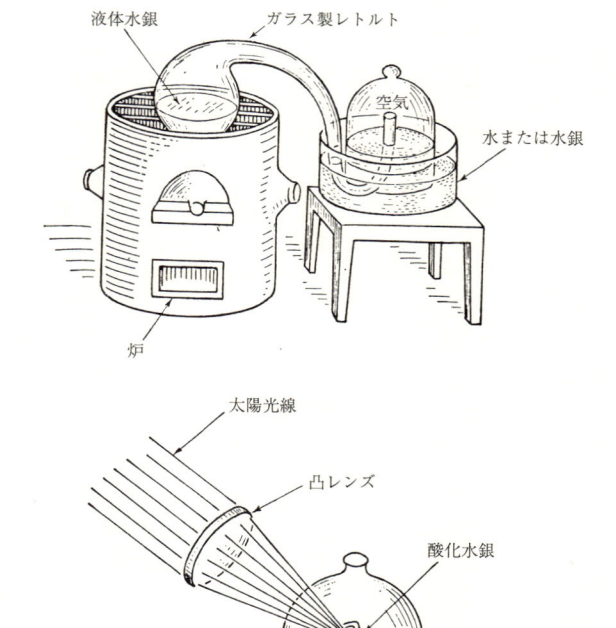

7図 ラヴォアジエの実験は彼の『化学原論』の中でラヴォアジエ夫人の挿絵によって図示された.

た．というのも，これによって水は元素ではなく，二つの気体の結合によって生じた一つの化合物であることが示された．

ラヴォアジエはこの実験を聞いて，キャベンディッシュの気体を水素（「水をつくるもの」）と呼び，水素は酸素と結合することによって燃焼するのであるから，水は水素と酸素の結合からなることを指摘した．彼はまた食物や生体組織を構成している物質は，結合した炭素と水素の両方を含んでおり，したがって吸いこまれた空気中の酸素は，炭素から二酸化炭素を生成するためだけではなく，水素から水を生成するためにも消費されると考えた．この説明によって，彼の呼吸に関する初期の実験で説明できなかった部分の酸素の運命が明らかにされた[*]．

ラヴォアジエの新しい理論は化学を完全に合理化する内容を含んでいた．すべての「神秘的」原理は消滅してしまった．これから後では，質量その他が測定できるような物質だけが，化学者の興味の対象となった．

---

[*] ラヴォアジエの理論はロシアの化学者ロモノーソフ（1711-65）がすでに予測していたものであった．彼はラヴォアジエの燃焼に関する研究の発表されるおよそ20年前の1756年に，フロギストン説に反対し，物質は燃焼のときに空気の一部と結合するという意見を述べた．残念なことに彼はロシア語で発表したので，ラヴォアジエを含めた西欧の化学者は彼のことを知らなかった．彼はまた彼の時代よりも50年も100年も進んだ，現代的な原子や燃焼に対する考え方をもっていた．彼は科学の進歩が西欧に集中していた時に，東欧に生まれたという不運に苦しんだ人の中で最も注目すべき人物であった．

この基礎づくりを達成したあと，ラヴォアジエは上部構造の建設にとりかかった．1780年代には，他の三人のフランスの化学者モルヴォー（1737-1816），ベルトレ（1748-1822）およびフールクロア（1755-1809）との共同研究によって，彼は化学における論理的命名法を研究し，その成果を1787年に出版した．

　化学はもはや，それぞれの著者が自分勝手な体系を用いて，他の人のすべてを悩ませた錬金術時代（29頁参照）の名前のごたまぜではなくなった．すべての化学者が用いなければならない承認された体系があるべきであった．それは論理的原理に基づいた体系であるから，化合物の名前を聞けば，それをつくっている元素を知りうるようなものでなければならなかった．たとえば，酸化カルシウムはカルシウムと酸素から，塩化ナトリウムはナトリウムと塩素から，硫化水素は水素とイオウから成り立っていた．

　異なる元素が存在する割合に関して知見が得られるような，注意深い接頭辞と接尾辞の体系がつくられた．たとえば，二酸化炭素は一酸化炭素より多い酸素を含んでいた．塩素酸カリウムは亜塩素酸カリウムより多くの酸素を含んでいるが，過塩素酸カリウムはさらに多くの酸素を含んでいる一方，塩化カリウムはまったく酸素を含んでいない．

　1789年に，ラヴォアジエは一冊の本（『化学原論』）を発表したが，この本は彼の新しい理論と命名法に基づいた，化学の知識の統一された像を世界に与える役目を果たした．この本は世界最初の現代的化学教科書であった．

物体の元素であると考えられる全自然界に属するすべての単体の表

新しい名前	古い名前
光	光
熱素	熱 熱の原理または元素 火,もえる液体 火および熱の物体
酸素	脱フロギストン空気 火天の空気 生命の空気,または生命の空気のもと
窒素	フロギストン化空気または有毒な空気,またはそのもと
水素	可燃性空気または気体,または可燃性空気のもと

酸化でき,酸にすることのできる非金属の表

新しい名前	古い名前
イオウ リン 木炭	同じ名前
塩酸基 フッ酸基 ホウ酸基	まだ知られていない

酸化でき,酸にすることのできる金属単体の表

新しい名前	古い名前
アンチモン	アンチモン

ヒ素	ヒ素
ビスマス	ビスマス
コバルト	コバルト
銅	銅
金	金
鉄	鉄
マンガン	マンガン
水銀	水銀
モリブデン	モリブデン
ニッケル	ニッケル
白金	白金
銀	銀
スズ	スズ
タングステン	タングステン
亜鉛	亜鉛

塩となる簡単な土類

新しい名前	古い名前
石灰	白墨,石灰土,生石灰
マグネシア	マグネシア シャリ塩のもと,焼きまたは苛性マグネシア
バリタ	バリタ,重土
白陶土	粘土,ミョウバン土
珪土	珪酸土,ガラス土

8図 ラヴォアジエによって集められた元素の表は彼の『化学原論』にのせられた.

とりわけこの本には，当時までに知られていたすべての元素（というよりは，元素とはこれ以上単純な物質に分解できないものというボイルの基準によって，ラヴォアジエが元素と判断したもの）の表（8図）が含まれていた．彼がその表に示した33の項目のうち，全くの誤りはただ2つだけにすぎなかったということは，ラヴォアジエの判断の正しさを物語る．この2つは「光」と「熱素」（熱）であって，これらはラヴォアジエの死後数十年たってから明らかになったように，物質ではなくエネルギーの形態であった．

残る31項目の中で，あるものは現在の見地からみても元素であった．これらの中には金や銅のように古代から知られていたものもあれば，酸素やモリブデンのようにラヴォアジエの本の出版に先立つ直前に発見されたものもあった．表に出てくる8つの物質（石灰とマグネシアなど）は，ラヴォアジエの時代以後に，より簡単な成分に分解されたので，もはや元素とは認められない．しかしながらすべての場合，それら簡単な成分の一つは新元素であることがわかった．

ラヴォアジエの新しい（そして今日まで保たれている）見解に対する反論もあったが，それは特にプリーストリーを含むがんこなフロギストン説の信奉者たちからのものであった．しかしそれ以外の人たちは熱狂的に新しい化学を受け入れた．スウェーデンのベリマンはその一人であった．ドイツではクラップロート（1743-1817）は初期の改

宗者であった．シュタールはドイツ人であったし，ドイツ人の間には愛国的示威としてフロギストン説を信奉する傾向があったから，彼がラヴォアジエの見解を受け入れたことには大きな意味があった（クラップロートは後に元素の発見者として名を上げた．彼は 1789 年にウランとジルコニウムを発見した）．

ラヴォアジエの教科書が出版されたその年にフランス革命が起こり，ただちに恐怖政治の野蛮な状態に悪化していった．不幸にも，ラヴォアジエは革命家たちが憎むべき専制政治のよこしまな道具と考えた徴税機関と関係があった．彼らは捕えることのできたすべての徴税機関の役人をギロチンで処刑した．その中の一人がラヴォアジエであった．

1794 年に，人類始まって以来最大の化学者の一人である彼は，その必要もなくまた意味もないのに，働きざかりの時に殺されてしまった．「あの頭脳を切り落とすにはほんの一瞬しかかからなかった．しかし同じような頭脳は 1 世紀たっても現われてこない」と有名な数学者のラグランジュ（1736-1813）が言った．ラヴォアジエは今日「近代化学の父」として広く世界に知られている．

第5章　原　子

プルーストの法則

　ラヴォアジエの成功に刺激されて，化学者たちは正確な測定が化学反応の研究に光を投じるかもしれない他の領域を探求し，研究した．酸はそのような領域の一つを形成していた．

　酸はいくつかの性質を共有する，自然界における一つのグループをつくっていた．それらはだいたいのところ反応性が強く，亜鉛，スズ，鉄などの金属と反応し，それらを溶かして水素を発生する．それらは（無難に味を試すことができるほど薄いか弱ければ）酸っぱい味がして，ある種の染料の色を一定の仕方で変えたりする．

　酸とは反対の性質をもった，物質のもう一つのグループが**塩基**（強塩基は**アルカリ**とよばれる）である．これらは反応性に富み，苦い味がして，酸とは反対の仕方で染料の色を変えたりする．特に酸の溶液は塩基の溶液を中和する．別の言葉で言えば，酸と塩基とを適当な割合で混ぜれば，混合物は酸や塩基のどちらの性質も示さない．その混合物は一般的に酸よりも，塩基よりも弱い薬品である，塩

の溶液になる．たとえば，強酸で苛性（腐蝕性）の酸である塩酸と，強アルカリで苛性アルカリである水酸化ナトリウムを適当な割合で混ぜると食卓塩，即ち塩化ナトリウムの溶液になる．

ドイツの化学者リヒター（1762-1807）は，この中和反応に興味をひかれ，ある特定の塩基の一定量を中和するのに必要な，いろいろな酸の量を正確に測定した．注意深い測定の結果，彼はきちんときまった量が必要であることを発見した．材料のあるものがほんの少し多くても少なくてもあまり重要ではない台所では，料理人がきちんと秤っても仕方がない．しかし化学には一つの試薬の一定量が他の試薬の一定量と反応する，という意味での**当量**というものがあった．リヒターは彼の仕事を1792年に発表した．

二人のフランスの化学者がこの種の一定の関係にある酸-塩基中和反応だけではなく，化学全体に存在しているかどうかを定める困難な戦いに従事していた．問題を根本的に考えると，もしある特定の化合物が2種（または3種または4種）の元素からできているとすると，この2種（または3種または4種）の元素は常に同じ一定の割合で，この化合物に存在しているのであろうか？　それともこの割合は，化合物の製法に応じて変わるのであろうか？　ラヴォアジエが現代化学用語を確立したときの協力者の一人であるベルトレ（87頁参照）は後者の意見であった．ベルトレの見解によれば，もし元素 x および y からなる化合物が，x が大過剰の状態で合成されれば，それは

平均量より多い x を含んでいると考えられた.

ベルトレの見解と対立したのは,フランス革命の動乱を避けて（一時は）安全にスペインで研究したプルースト (1754-1826) の意見であった.骨の折れる注意深い分析によってプルーストは,1799年に,たとえば炭酸銅はそれがどの方法によって実験室で作られようとも,また天然から得られようと,一定の質量比の銅,炭素,酸素を含んでいることを示した.その試料は必ず炭素1部に対して銅5.3部,酸素4部の割合であった.

プルーストは他の多くの化合物についても同様のことが成立することを示し,すべての化合物はその製法の条件に関係なく,元素をある一定の割合で,しかも必ず同じ割合を示すように含むという通則を確立した.これが**定比例の法則**,時として**プルーストの法則**とよばれるものである（プルーストはまた,ベルトレがある化合物は製法によって組成が変化するという根拠を示したのは,不正確な分析と充分に精製されていない試料を用いたために,誤った結論に達したのだと表明した）.

19世紀の初めの数年の間に,プルーストのほうが正しいことは全く明らかになった.他の化学者も定比例の法則を確証し,それは化学の基礎となった[*].

プルーストの法則が唱えられたその瞬間から,重要な考

---

[*] ある種の化合物はある範囲でその組成を変えることができる.しかしこれらは特別の場合で,プルーストらの注意をひいた簡単な化合物は定比例の法則に厳密に従っている.

え方が化学の中に入りこんできた．

いったいなぜ定比例の法則は成立するのであろうか？たとえば，ある化合物は必ず4部のxと1部のyから成り立っていて，決して4.1部か3.9部のxと1部のyから成り立っていないのはなぜであろうか？　もし物質が連続しているのであるならば，これは理解し難い．なぜ元素は少しずつ変わるような割合をもって混合しないのであろうか？

しかしもし物質が原子から成り立っている，とするならばどうであろうか？　xの1個の原子がyの1個と結合するときだけに限って，ある化合物が合成されると考えよう（このような原子の結合を「小さな集合」を意味するラテン語からとった**分子**という名で呼ぶようになった）．次にxの原子はたまたまyの原子の4倍の重さがあるとする．そうすれば，この化合物は，正確にx4部対y1部の成分からなっていなければならないはずである．

この比率を変えるためには，yの1原子は，1原子よりもわずかに多いか少ないxと結合しなければならなかった．ところが原子は，古くデモクリトスの時代から物体の分割不能の部分とみなされてきていたので，わずかな部分が原子からけずり落とされたり，第二の原子の細片が付け加えられるというのは不合理であった．

別の言葉で言えば，もし物質が原子から成り立っているとすれば，定比例の法則はその自然の帰結であった．さらに定比例の法則が観測された事実であることから，原子が

第5章 原子

ジョン・ドルトン

実際分割不能のものであることが推論できた．

ドルトンの理論

イギリスの化学者ドルトン（1766-1844）は，この思考の鎖をたどっていった．この点で彼は彼自身が見いだした一つの発見によって大いに助けられた．2種の元素が結合するとき，両者の割合は一つ以上ありうるかもしれないが，その場合に示されるさまざまの結合比に対しては，それぞれ異なる化合物が存在すべきことを彼は見いだした（9図）．

簡単な例として炭素と酸素の2元素を考えよう．測定によると，（質量で）3部の炭素が8部の酸素と化合して二酸化炭素を生じる．しかしまた，3部の炭素と4部の酸素から一酸化炭素が得られる．この場合一定量の炭素と結合する異なった酸素の量は小さな整数の形で関係づけられる．二酸化炭素中の酸素8部は一酸化炭素中の酸素4部のちょうど2倍である．

これが**倍数比例の法則**である．ドルトンは多くの反応にこの法則が成立することを確かめたのち，1803年にこれを発表した．

倍数比例の法則は原子論的概念とみごとに適合した．たとえば酸素原子は炭素原子よりいちように $\frac{4}{3}$ 倍重い．もし一酸化炭素が炭素原子1個と酸素原子1個の結合から生じるとすれば，一酸化炭素は炭素3部と酸素4部から成り立っているはずである．

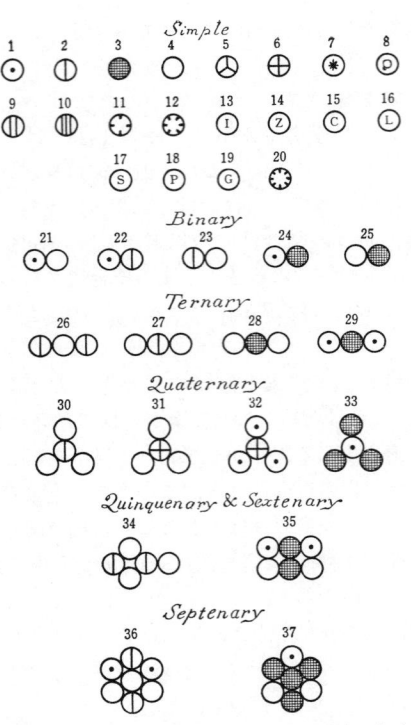

9図 元素と化合物に対するドルトンの記号．水素 (1), 炭素 (3), 酸素 (4), 銅 (15), 銀 (17), 金 (19), 水 (21), 水を H_2O ではなく HO としてしまって，ここではドルトンは誤りを犯したが，一酸化炭素 (25) と二酸化炭素 (28) の式は正しかった．

そこでもし二酸化炭素が炭素1原子と酸素2原子から生じるのであれば，結合比は当然炭素3部，酸素8部となる．

この簡単な整数関係は原子全体を単位として，構造が変わるような化合物の存在を予想させる．確かに，もし物体が小さな分割不能の原子から成り立っているならば，このような構造の変化はまさに予期どおりのものであり，倍数比例の法則は道理に合っている．

ドルトンが1803年に定比例の法則と倍数比例の法則に基づいた原子論の新版を発表したとき，彼は物体を構成している小粒子を「原子」と呼ぶことによって，その構想がデモクリトスに負っていることを認めたのであった．

1808年に彼は『化学哲学の新体系』を出版し，この中で原子論を詳細に論じた．同じ年に彼の倍数比例の法則は，これもイギリスの化学者ウォラストン（1766-1828）の研究によって証明された．ウォラストンはこの結果，原子論に有力な重みを与え，ドルトンの見解は次第に一般に受け入れられた．

原子論はまた錬金術で言われた変成の可能性に対する信念にとどめをさした（もしそのことが必要であったと仮定して）．すべての証拠は，異なる金属はそれぞれ別の型の原子から成り立っている可能性を示していた．一般に原子は分割不能で不変と考えられるから（しかしプラウトの仮説も参照せよ．109頁），どんな場合でも鉛の原子を金の原子に変化させることは望み得なかった．したがって鉛は

金に変成されない*).

もちろん,ドルトンの原子は小さすぎて顕微鏡によってさえも見えない.直接の観察の可能性はまったく問題にならなかったが,間接的観察によって相対的質量についての情報が得られた.

たとえば,(質量で)水素1部が酸素8部と結合して水が生じた.もし水の分子が水素1原子と酸素1原子とから成り立っていると仮定するならば,酸素原子は水素原子の8倍の重さがあるということになる.もし水素原子の質量を任意に1に等しいと定めれば,この基準で酸素原子の質量は8になる.

さらにまた,もし水素1部が5部の窒素と結合してアンモニアを生じ,またアンモニア分子は水素原子1個と窒素原子1個とから成り立っているとするならば,窒素原子は5の質量を有することになる.

このような推論によって,ドルトンは最初の**原子量表**を作り上げた.この表はおそらく一つの仕事としては彼の最も重要な業績ではあったが,多くの点で著しく誤っていた.主要な欠点は,分子は一般に一つの元素の1個の原子と他の元素のただ1個の原子との結合によって生じる,というドルトンの主張にあった.彼はこの見解を絶対に必

---

 *) ドルトンの時代から1世紀後にこの見解は修正されなければならなかった.結局のところ1つの原子は他の原子に変わりうるが(292頁参照),その方法は錬金術師の誰もが,想像も実行もできないものであった.

要な場合だけしか変えなかった.

しかしながら，このような1対1の結合は必ずしも原則的ではない，という証拠が次第に集まってきた．ドルトンが彼の原子説を展開する前から，特に水についてはその不一致が認められていた．

ここで初めて電気的な力が化学の世界に入り込んできた．

電気に関する知識は，琥珀(こはく)をこすると軽い物体を引きつけるようになることを発見した古代ギリシア人にまでさかのぼる.

何世紀もの後に，イギリスの物理学者ギルバート（1540-1603）はそのようにふるまうのは琥珀だけではなく，他の多くの物質が摩擦によって吸引力を得ることを示すことができた．1600年ころ，彼はその種の物質をギリシア語の琥珀にちなんで「エレクトリックス」と呼ぶことを提案した．

その結果，摩擦などによってそのような力を得た物質は「エレクトリック・チャージ」電荷を有する，「エレクトリシティ」電気を帯びているなどといわれる．

1733年にフランスの化学者デュ・フェ（1698-1739）はガラスにたまる種類（「ガラス電気」）と，琥珀にたまる種類（「樹脂電気」）の2種の電荷があることを発見した．一方の電荷を有する物質は，他の電荷を有する物質と引き合うが，同種の電荷を有する物質は互いに反発した．

アメリカの最初の大科学者であり，同時に偉大な政治家

であり，外交官であったフランクリン（1706-90）は1740年ころ，電気流体は1種類しかないと提案した．ある物質が通常の量以上の電気流体を持っていれば，その物質は一方の電荷を有し，通常の量以下の電気流体を含めば，その物体は他方の電荷を有するという主張であった．

フランクリンはガラスは通常の量以上の電気流体を含むと考え，ガラスは**正電荷**を有すると説明した．彼によれば樹脂は**負電荷**を有した．フランクリンの用語は以後今日まで使われている．ただしこの用語の使用によって，電流の方向の概念が事実と反対になってしまったのであるが．

イタリアの物理学者ヴォルタ（1745-1827）は新しい面を開拓した．彼は1800年に（電荷を伝えることのできる溶液によって距てられた）2つの金属を適当に配列すると，元からある電荷が導線を伝わって運び去られれば，ただちに新しい電荷が発生することを見いだした．彼は最初の**電池**を発明し，**電流**を発生させたのであった．

この電流は2種の金属とその間の溶液の間で起こった化学反応によって持続される．ヴォルタの業績は，化学反応が電気と何らかの関係をもつことを最初に明確に示したが，この関係が完全に解明されるまでには次の1世紀をまたねばならなかった．もしある化学反応によって電流が生じるならば，電流が事態を逆転させて，化学反応を起こすと考えることも不自然ではなかった．

ヴォルタが初めて彼の業績を発表してから6週間後に，早くも二人のイギリスの化学者ニコルソン（1753-1815）

とカーライル（1768-1840）は逆反応の実例を示した．彼らは水に電流を通じたところ，水の中にさしこんだ電気伝導性の金属片上に気泡が生じるのを見いだした．一方の金属片に生じた気体は水素で，他方に生じた気体は酸素であった．

実際のところは，ニコルソンとカーライルは水を水素と酸素に分解したのであって，電流によるこのような分解は**電気分解**とよばれた．彼らは，水素と酸素が結合して水を生じるキャベンディッシュの実験（72頁参照）の逆反応を成し遂げたのであった．

気泡となって発生する水素と酸素を別々の容器に集めてみると，ちょうど酸素の2倍の体積の水素が生じたことがわかった．確かに，水素は重さは軽いけれども体積が大であることは，水の分子の中に酸素原子よりも水素原子が多く存在するかもしれないことを暗示した．

生じた水素の体積はちょうど生じた酸素の体積の2倍であるから，水の分子はドルトンが主張したように水素・酸素各1原子からなるのではなく，2個の水素原子と1個の酸素原子を含むという考えにもいくらかの根拠があることになる．

たとえそうであっても，（質量で）1部の水素が8部の酸素と結合するというのは依然として正しい．そこで酸素原子1個は水素原子合わせて2個の8倍の重さ，したがって水素原子1個の16倍の重さになる．水素の質量を1と定めれば，酸素の原子量は8でなく16でなければなら

ない.

アヴォガドロの仮説

ニコルソンとカーライルの発見はフランスの化学者ゲイ゠リュサック (1778-1850) の業績によって確証された. 彼もまた事態を逆転させた. 彼は2体積の水素が酸素1体積と反応して水を生じることを発見した. 彼はさらにいくつかの気体が結合して化合物を生じるとき, それらの体積は簡単な整数比をなすことを見いだした. ゲイ゠リュサックはこのような**気体反応の法則**を1808年に発表した.

水素と酸素から水が生成する際にも整数比が認められることから, 水の分子は水素2原子と酸素1原子とからなると考えるのは合理的であると考えられた. 同様の証拠からアンモニア分子は窒素1原子と水素1原子の組み合わせではなく, 窒素1原子と水素3原子の組み合わせから成っていると論じられた. 同じ根拠から窒素の原子量は5ではなく14であると結論することができた.

次に水素と塩素を考えよう. これらは気体であって結合して第三の気体すなわち塩化水素を生じる. 水素の1体積が塩素の1体積と化合するので, 塩化水素分子は水素原子1個が塩素原子1個と結合したものと考えるのは合理的と思われる.

さて水素ガスは, 空間に互いに遠く離れて存在している単一の水素原子からなり, 塩素ガスは同様に空間に散在している単一の塩素原子からなると仮定しよう. これらの原

子は対を作って，同様に空間に散在している塩化水素分子になるとする．

たとえば，水素原子100個と塩素原子100個とが初めにあったとすると，合わせて200個の空間に散在している粒子があることになる．原子は対を作って100分子の塩化水素になる．200個の空間に散在している粒子（原子）はただの100個の空間に散在している粒子（分子）になる．もし粒子が占める空間の大きさが反応の前後で等しいならば，水素の1体積と塩素の1体積（合わせて2体積）が結合して，ただ1体積の塩化水素が生じるのが見いだされるはずである．しかし，実際はそうではない．

実測によると，水素の1体積は塩素の1体積と反応して，塩化水素の2体積を生じる．反応の初めの2体積が反応の終わりの2体積になるのであるから，反応の前後には等しい数の，空間に散在する粒子が存在するはずである．

しかし水素ガスは単独の原子としてではなく，それぞれ2個の原子からなる**水素分子**として存在し，塩素もそれぞれ2個の原子からなる**塩素分子**として存在すると仮定しよう．この場合，水素原子100個は50個の空間に散在する粒子（分子）として存在し，100個の塩素原子もまた50個の空間に散在する粒子として存在している．2つの気体を合わせて合計100個の散在する粒子があり，半分は水素-水素であり，他の半分は塩素-塩素である．

もし2つの気体が結合すると水素-塩素になるように配

置が変わり，この原子の組み合わせによって塩化水素分子が生じる．計100個の水素原子と100個の塩素原子があるのであるから，100個の塩化水素分子（それぞれ各原子1個を含む）があることになる．

そこで50分子の水素と50分子の塩素が結合して100分子の塩化水素を生じることがわかる．このことは1体積の水素と1体積の塩素から2体積の塩化水素が生じるという実際の観察に一致する．

これらのすべては，すでに述べているように，いろいろな気体の粒子は，それが単独の原子から成り立っていようと原子の組み合わせから成り立っていようと，それらは同じ距離だけ離れているという事実を前提としている．もしそうであるならば，等しい数の気体粒子は（一定温度では）その気体が何であっても等しい体積を占めることになる．

気体においては，等しい数の粒子は等しい体積を占める，というこの仮説の必要性を最初に指摘したのはイタリアの化学者アヴォガドロ（1776-1856）であった．1811年に発表されたこの仮定は，それゆえ**アヴォガドロの仮説**として知られている．

この仮説を充分に理解すれば，水素原子と水素分子（一対の原子）との区別，そしてまた他の気体についてもその原子と分子とをはっきり区別することができる．しかしながらアヴォガドロの時代から半世紀たってもこの仮説は認められないままに，多くの化学者は重要な気体状元素の原

子と分子との区別を,はっきりと定義してはいなかった.このため,一部の最も重要な元素の原子量に関してかなりな不確かさがいつまでも続いた.

幸いなことに,原子量を正しく決める別の鍵もあった.たとえば共同で研究していたフランスの化学者デュロン(1785-1838)と物理学者プティ(1791-1820)は,その一つの鍵を発見した.彼らは元素の比熱(1グラムの物質の温度を1度上げるに必要な熱量)が,原子量に反比例して変わるらしいことを発見した.つまり,もし元素 x が元素 y の2倍の原子量を持っているならば,元素 x の1グラムの温度を1度上げるに必要な熱量は,元素 y の1グラムの温度を1度上げるに必要な熱量の半分ですむということになる.これが**原子熱の法則**である.原子量の不明な元素があれば,その比熱だけを測れば,ただちに原子量はだいたいどのくらいかという見当がつく.この方法は固体元素にかぎって適用することができるが,それも全部にというわけではない.しかし,何もないよりはよかった.

またドイツの化学者ミッチェルリヒ(1794-1863)は1819年までに,類似の組成をもつ化合物は,あたかも一方の分子が類似の形をした他方の分子と混じるように,一緒に結晶化することを見いだした.

この同形の法則から,もし2つの化合物が一緒に結晶化すれば,一方の化合物の構造しか知られていなくても,他方の構造は同様であると推定することができる.この同形

結晶の性質によって，単に質量の組み合わせだけを考察するために生じる誤りを実験的に正しくすることが可能となり，原子量を正確に定めるためのよい指針となった．

質量と記号

転機はスウェーデンの化学者ベルセーリウスによってもたらされた．彼は原子論の確立に関してドルトンについで功績があった．1807年ころから，ベルセーリウスはさまざまな化合物の正確な元素組成の決定に没頭した．何百という分析を行なって彼は定比例の法則の多くの実例を報告したので，化学の世界はもはやその正しさを疑うことができず，また定比例の法則から直接に芽生えてきた原子論を多かれ少なかれ喜んで受け入れないわけにはいかなかった．

ベルセーリウスはドルトンがすることができたよりも，さらに精妙な方法で原子量を決定する仕事にとりかかった．この計画において，ベルセーリウスはゲイ=リュサックの気体反応の法則の他に，デュロン-プティおよびミッチェルリヒの発見を利用した（しかし彼はアヴォガドロの仮説は用いなかった）．1823年に出版されたベルセーリウスの最初の原子量表は，わずか二，三の元素を除いては，今日認められている値と充分に肩を並べられる．

ベルセーリウスの表とドルトンの表との重要な相違は，ベルセーリウスの値は一般に整数ではない点であった．

水素の原子量を1と定めてこれを基準にしたドルトン

の原子量は, すべて整数で与えられていた. このためイギリスの化学者プラウト (1785-1850) は 1815 年に, すべての元素は, 結局のところ, 水素から成り立っているに過ぎないと唱えた (彼の考えは初め匿名で発表された). それぞれの原子は異なる数の水素原子の集まりから成り立っているので異なる質量をもつのであった. これは**プラウトの仮説**と呼ばれるようになった.

ベルセーリウスの表はこの魅力的な考え (この考え方は古代ギリシア的な仕方で, だんだん増加してゆく元素を一つの基本的物質に還元し, それによって宇宙の秩序と対称性を増大させるように思われたので魅力的であった) を打ち破るように思われた. 水素を 1 に等しいとする基準によれば, 酸素の原子量は約 15.9 となるが, 酸素が水素原子の $15\frac{9}{10}$ 個から成り立つとはまず考えられない.

次の世紀には, ますますよい原子量表が出版され, その結果さまざまの元素の原子量は, 水素の原子量の整数倍ではないことがますます明らかになった.

1860 年代には, ベルギーの化学者スタース (1813-91) はベルセーリウスよりも精密に原子量を測定した. さらに 20 世紀の初めにアメリカの化学者リチャーズ (1868-1928) は言語に絶する注意をはらって, 純粋に化学的な方法で可能な正確さの限界を示すと考えられる原子量の値を求めた.

たとえ, ベルセーリウスの仕事にはいくらかの疑問が残っていたにせよ, スタースやリチャーズの仕事には何の疑

間も残されなかった．整数でない原子量は否応なく受け入れる必要があり，プラウトの仮説は，打撃をうけるたびにますます影が薄くなった．しかし，リチャーズがすばらしく正確な結果を得ている間にも，問題のすべては再び検討の要に迫られるようなことが起こった．原子量の意味そのものが再検討の要に迫られ，やがてわかるように，プラウトの仮説が灰の中から立ち上がってきた．

異なる元素の原子量を単純に関連させることができないという事実は，原子量を測定するための適当な基準に関する疑問をひき起こした．水素の原子量を1に等しいと定めるのはごく自然であるから，ドルトンもベルセーリウスもこの方法を試みた．ところがこれを標準にとると，酸素の原子量は整数でなく，不便な15.9になる．ところが酸素はきわめて多くの異なった元素と結合するので，通常酸素を用いて，問題の元素が酸素とどのような割合で結合するかを定めるのである．

水素を1とするという基準をなるべく動かさずに，酸素に便利な整数の原子量を与えるために，酸素の原子量は15.9から16.0000に変えられた．酸素を16とする基準では，水素の原子量はほぼ1.008に等しい．酸素を16とする基準は，20世紀半ばになっていっそう論理的な基準が採用されるまで維持された．その新基準では原子量は極めてわずかな変更を受けたにすぎない（289頁参照）．

原子論がひとたび受け入れられると，物質はさまざまな元素の一定数を含む分子から成るものとして表現されるよ

うになった．そのような分子を表わすのに正しい数だけの小円を書き，異なる原子はそれぞれ特別の円で表わされるようにするのは極めて自然の成り行きであった．

ドルトンはこの記号を用いた．彼はただの円で酸素を，中心に点のある円で水素を，垂直の線のある円で窒素を，黒い円で炭素を表わすというようにした．各々の元素に対して，充分に区別できる円を考え出すのは次第に困難となったので，ドルトンはある元素を適当な文字で表わすようにした．イオウは中に「S」のある円，リンは中に「P」のある円であった．

ベルセーリウスは円は余分であって頭文字だけで充分と考えた．そこで彼は各元素はそれぞれの元素を一般的に，同時にその元素の原子1個を表わすような記号を持ち，またその記号は原則的に，その元素のラテン名のかしら文字を用いるようにすることを提案した（英語を話す人間にとって幸いなことには，ラテン名はほとんどの場合，英語名によく似ている）．二つまたはそれ以上の元素が同じ頭文字の場合は，名前の二番目の文字が加えられることになった．これらが元素の**化学記号**（**元素記号**）となり，今日では国際的に認められ，受け入れられている．

たとえば，炭素，水素，酸素，窒素，リン，イオウの化学記号はそれぞれ C, H, O, N, P および S である．カルシウムと塩素の化学記号は（大文字一字の記号はすでに炭素のものであるから）それぞれ Ca と Cl である．ラテン名が英語と違っている場合だけ，記号はい

くらかわかりにくい．金（gold），銀（silver）および鉛（lead）はそれぞれ Au（aurum），Ag（argentum）および Pb（plumbum）である．

これらの記号を用いれば，分子中の原子の数を示すのは容易である．水素分子は水素原子2個から成り立っているから H_2 である．水の分子は水素原子2個と酸素原子1個を含んでいるから H_2O である（数字のない記号は1個の原子を表わしている）．二酸化炭素は CO_2，硫酸は H_2SO_4 であり，さらに塩化水素は HCl である．これらの簡単な化合物の化学式は，おのずから明らかである．

化学式を組み合わせて化学方程式をつくり，反応を表わすこともできる．炭素が酸素と結合して，二酸化炭素を生じる事実を書き表わすには，

$$C + O_2 \longrightarrow CO_2$$

と書けばよい．

もしラヴォアジエの質量保存の法則が成立するならば，このような式はすべての原子の行方を明らかにしていなければならない．たとえば今の例では C（炭素）の1原子と O の2原子（酸素分子）で始まったから，C の1原子と O の2原子（二酸化炭素分子）で終わらなければならない．

ところで，水素と塩素とが結合して塩化水素が生じる反応を式で表わしたいとする．もし単に，

$$H_2 + Cl_2 \longrightarrow HCl$$

とだけ書くならば，初めは水素原子の2個と塩素原子の2

個があったのに，最後にはそれぞれ1個だけしかないことになってしまう．左辺と右辺が釣り合うように化学方程式を書くためには，

$$H_2 + Cl_2 \longrightarrow 2HCl$$

としなければならない．同じようにして水素と酸素が結合して水を生じる反応に対しては，左辺と右辺の釣り合う反応式は次のようになる．

$$2H_2 + O_2 \longrightarrow 2H_2O$$

電気分解

一方，ニコルソンとカーライルによってみごとに利用された電流は，いくつかの新しい元素の分離にいっそうめざましい効果を発揮した．

1世紀半前ボイルが「元素」を定義して以来，この定義によって元素とみなしうる物質が驚くほど多数発見された．もっと困ったことには元素ではないとわかっていても，当時の化学者が分離して研究できない未発見の元素を含んでいるような物質もあった．

しばしば元素は酸素と結合した形で（酸化物として）発見された．元素を分離するためには酸素を除く必要があった．酸素に対するより強い親和力を持った第二の元素を加えてやれば，酸素は第一の元素を離れて第二の元素に付くかもしれない．この方法は実際に役に立つことがわかった．炭素がしばしばこの役割を果たした．本質的には酸化鉄である鉄鉱石をコークス（それは比較的純粋な炭素であ

る）と共に熱すれば，炭素は酸素と化合して一酸化炭素および二酸化炭素となり，金属鉄が後に残るであろう．

次に石灰を例として考えよう．その性質から考えると，石灰もまた酸化物と考えられる．しかしどの既知の元素も，酸素と結合して石灰を生じることはないので，石灰は未知の元素と酸素との化合物であると結論せざるを得ない．この未知の元素を分離するために石灰をコークスと共に加熱してみても，何事も起こらない．未知の元素は酸素と非常に強く結合しているので，炭素は酸素を引き離すだけの力がない．また他のどの元素も石灰から酸素を奪うことはできない．

化学薬品によって引き離すことのできないものでも，化学薬品では何もできないのに水の分子を容易にねじ切る電流の不思議な力を用いれば，引き離すことができるかもしれないと考えついたのは，イギリスの化学者デイヴィー(1778-1829) であった．

デイヴィーは 250 枚以上の金属極板をもった，それまでに作られた最大の強さの電池の製造に着手した．彼は未知の元素を含んでいると思われる化合物の溶液に，その電池から強い電流を通じたが良い結果は得られなかった．彼は水から発生した水素と酸素を得たのみであった．

明らかに水を除く必要があった．しかし固体物質そのものを用いると，電流がそれを通して流れなかった．そこで遂に彼は化合物を融解して，その融解物に電流を通じたらどうかと考えついた．彼はいわば無水の電気伝導性液体を

用いようとした.

この計画は成功した. 1807年10月6日, デイヴィーは融解カリ（炭酸カリウム）に電流を通じ, 彼がただちに**カリウム**と命名した金属の小さな塊を得た（この金属は極めて反応性に富み, 水から酸素を奪って水素を発生するが, その際に生じるエネルギーが大きいので水素は炎をあげて燃える）. 1週間後, デイヴィーはソーダ（炭酸ナトリウム）から**ナトリウム**を分離した. これはカリウムよりわずかに反応性が低かった.

1808年に, ベルセーリウスにすすめられた改良法を用いてデイヴィーは, いくつかの金属をその酸化物から分離した. マグネシアから**マグネシウム**, ストロンチアから**ストロンチウム**, バリタから**バリウム**, 石灰から**カルシウム**（「カルシウム」は石灰のラテン語からとられた）を得た.

この他にも, デイヴィーはシェーレ（75頁参照）が1世代前に発見し, 酸化物と考えていた緑色がかった気体が実際は元素であることを示した. ギリシア語の「緑」からとった**塩素**という名前を, デイヴィーは提案した. デイヴィーはまた強酸である塩酸は, 分子中に酸素を含んでいないことを示し, 酸素は酸の必要成分であるというラヴォアジエの考え（83頁参照）を否定した.

電気分解に関するデイヴィーの研究は, 彼の助手で子分であり, 後には先生をしのぐほどの大科学者に成長したファラデー（1791-1867）によって発展させられた. 電気化学を研究したファラデーは, 今日もなお用いられている多

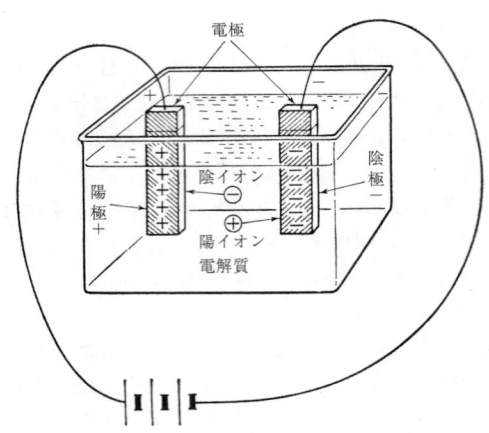

10 図 電気分解の作用はファラデーによって，この模式図に示された方向に従って説明された．彼の発明した用語も示されている．

くの新しい用語を導入した（10 図）．たとえば，電流による分子の開裂を**電気分解**と名づけたのは彼である．

イギリスの哲学者ヒューウェル（1794-1866）の提案に基づいて，ファラデーは電流を運ぶことのできる化合物または溶液を**電解質**と名づけた．融解物または溶液にさしこまれる金属の棒または板は**電極**，正電荷を得る電極は**陽極**（アノード），負電荷を得る電極は**陰極**（カソード）と名づけられた．

電流は融解物または溶液の中をファラデーが**イオン**（「旅人または放浪者」を意味するギリシア語に由来する）

と呼んだものによって運ばれた．陽極(アノード)に向かって移動するイオンは**陰イオン**（アニオン），陰極(カソード)に向かって移動するイオンは**陽イオン**（カチオン）とよばれた．

1832年に，彼は電気化学には，ある種の定量的関係が存在することを発表した．彼の**電気分解の第一法則**は，電気分解中に電極に生じる物質の質量は，溶液に通じた電気量に比例することを述べた．また**電気分解の第二法則**は，ある一定量の電気によって遊離される金属の質量は，その金属の当量に比例することを述べている．

たとえば，カリウムの2.7倍の銀が一定量の酸素と化合するから，一定量の電気によってカリウムの2.7倍の銀が，その化合物から分離されるであろう．

一部の化学者は，ファラデーの電気分解の法則は，電気も物質と同様に一定の最小単位に分割できることを意味すると考えた．別の言葉で言えば「電気の原子」があると考えられた．

電気が溶液中に流れると，物質の原子は「電気の原子」によって陰極か陽極のいずれかに運ばれると考えよう．多くの場合「電気の原子」の1個は物質の原子1個を相手にするのに充分であるが，場合によっては2つまたは3つの「電気の原子」が必要であると考えよう．こう考えれば，ファラデーの電気分解の法則は容易に説明できた．

しかしこの考え方が確立され，「電気の原子」が探し出されたのは19世紀の終わりであった．ところがファラデー自身は「電気の原子」，それどころか原子論一般に対

しても熱心に支持したことはなかった．

第6章　有機化学

生気論の没落

　火が発見されてこのかた，人類は必然的に物質を燃える ものと燃えないものの2種に大別してきた．昔の重要な 燃料は木と油脂であった．木は植物界の産物であるのに対 して，油脂は動物界と植物界共通の産物である．水，砂， さまざまの岩などの鉱物界の産物の大部分は燃えない．そ れらはむしろ火を消す働きをする．

　そこで物質の二つの種類，即ち可燃物と不燃物が，便宜 的に，生物のみから生じるものと，そうでないものとして 考えられるのは当然であった（もちろんこの規則にも例外 がある．大地の無生物の産物と思われる石炭とイオウは可 燃性である）．

　18世紀に得られた数々の知識によって，化学者たちは 単に燃焼性だけで生命の産物と無生命の産物を区別はで きないことを知った．無生物の世界を特徴づける物質は激 しい処理に耐えられるが，生物またはかつて生物であっ たものから生じた物質は，耐えられなかった．水を沸騰さ せ，また再び水に凝縮させることもできるし，鉄や塩を融

解し，それをまた元どおりに凝固させることもできる．オリーブ油や砂糖を加熱すると（燃焼を妨げるような条件下でも），煙りだし，いぶり，焦げつく．残ったものはオリーブ油でも砂糖でもなかったし，オリーブ油や砂糖がそこからまた生じることもなかった．

この相違は本質的であるように思われたので，1807年にベルセーリウスは，有機体特有の産物であるオリーブ油や砂糖のような物質を**有機物**と呼ぶことを提案した．無生物界の特有の産物である，水や塩のような物質は**無機物**であった．

化学者が印象づけられざるを得なかったのは，有機物は加熱なりその他の激しい処理によって無機物に変わるという点であった．しかし無機物から有機物への逆の変化は，少なくとも19世紀初頭には知られていなかった．

当時は多くの化学者は，生命は特別の現象であって，生命のない対象に対して適応される宇宙の法則に必ずしも従わないと考えていた．生命が特別の位置を占めているという信念は**生気論**と呼ばれ，1世紀前にフロギストンの創案者（64頁参照）であるシュタールによって強く主張されていた．生気論によって考えれば，生命体の中でのみ働いているある特別の作用（「生命力」）が，無機物を有機物に変えるために必要であると考えるのは当然であった．通常の物質と技術はもちあわせているけれども，生命力をフラスコの中であやつることのできない化学者は，この変化をひき起こすことができなかった．

この理由によって無機物は，ちょうど水が大洋にも血液中にも見いだされるように，生命の領域にも生命のない領域にも，見いだされると論じられた．生命力を必要とする有機物は，生命と共存している場合にのみ見いだされた．

　この見解は1828年に，ベルセーリウスの弟子であったドイツの化学者ウェーラー（1800-82）の仕事によって初めてくずれた．ウェーラーはシアン化物および関連化合物に特に興味をもっていたので，シアン酸アンモニウム（この化合物は当時は生物とどのような関係ももたない無機物として，ひろく認められていた）とよばれる化合物を加熱していた．加熱の途中でウェーラーは，人間を含めた多くの動物の尿の中にかなり大量に排泄される尿素の結晶に似た結晶が得られるのを見いだした．さらに研究を進めたところ，確かに得られた結晶は尿素であることがわかったが，言うまでもなく尿素は明らかに有機化合物である．

　ウェーラーは何回も彼の実験を繰り返し，無機物（シアン酸アンモニウム）を有機物（尿素）に自由自在に変えることができることを見いだした．彼はその発見をベルセーリウスに伝えたところ，この頑固な人も（めったに自分の意見を変えるような譲歩はしなかった），彼が無機物と有機物の間に引いた線は，彼の思ったほど確かではなかったことを認めざるを得なかった．

　ウェーラーの業績の重要性をあまり大きく評価してはならない．それ自身だけを考えれば，その重要性はさほど大きくはない．シアン酸アンモニウムはほんとうは無機物で

はないと論ずることもできる根拠があったし，またたとえ無機物であっても，シアン酸アンモニウムから尿素への変化は（最後にははっきりしたように）分子内の原子の位置の変化の結果にすぎなかったかもしれない．尿素の分子は実際のところ，まったく異なった物質からでき上がっているのではなかった．

しかしまた，ウェーラーの業績を軽視してはならない．その仕事自体は確かにそれほどのものではないにしても，人間の心を支配していた生気論を打ち砕くのに役立った[*]．この仕事に勇気づけられて化学者は有機物の合成を試みたが，このことがなければ彼らの努力はおそらく他の方向に向けられていたろう．

たとえば 1845 年にウェーラーの弟子のコルベ (1818-84) は，疑いなく有機物である酢酸の合成に成功した．さらに彼は構成元素である炭素，水素，酸素から最終生成物である酢酸までの化学変化を，はっきりとたどることのできるような方法を用いてそれを合成した．この**元素からの合成**すなわち**全合成**こそ，化学者のなし得るすべてである．たとえ，ウェーラーの尿素の合成が生命力の問題を解決しなかったとしても，コルベの酢酸合成はそれを解決し

---

[*] 実際はウェーラーの仕事は生気論の最初の敗北にすぎなかった．化学の他の分野では生気論はまだ勢力があった．19 世紀全体を通してその地位は次第に弱まったけれども，生気論は今日においても完全に死滅してしまったわけではない．生気論の没落の諸段階の詳細については，私の『生物の歴史』を参照されたい（邦訳『生物学小史』太田次郎訳，共立出版）．

たのである.

　フランスの化学者ベルトロー (1827-1907) はさらに前進した. 1850 年代に, 彼は有機化合物の合成を組織的に企て, 多くのものの合成に成功した. その中にはメチルアルコール, エチルアルコール, メタン, ベンゼン, アセチレンのような, よく知られた重要な物質が含まれていた. ベルトロー以来, 無機物から有機物を結ぶ線を越えるのはもはや「禁止されたもの」への血湧き肉躍る侵入ではなくなり, まったくありふれたことになった.

生命の構成単位

　しかしウェーラー, コルベ, ベルトローによって合成された有機化合物はすべて比較的簡単なものであった. 生命の特徴となっているものはデンプン, 脂肪, タンパク質のように, はるかに複雑なものばかりであった. これらは取り扱うのがより困難で, 正確な元素組成の決定もむずかしく, これらはすべて実に恐るべき問題をはらんだ, 勃興期の有機化学を代表していた.

　当初これらについて知られていたことはわずかに, これらの複雑な化合物は薄い酸または薄いアルカリと共に加熱すると, 比較的簡単な「構成単位」に分解されるということであった. ロシアの化学者キルヒホッフ (1764-1833) はこの問題の先駆者であった. 1812 年に彼はデンプンを (酸と加熱して), 後にグルコース (ブドウ糖) と名づけられた簡単な糖に変えるのに成功した.

1820年フランスの化学者ブラコノー（1780-1855）はタンパク質のゼラチンを同様に処理して，簡単な化合物グリシンを得た．これは後に（ベルセーリウスによって）アミノ酸と名づけられた，一群の物質の一つである，窒素を含んだ有機酸である．グリシン自身は，次の世紀にわたっていずれも天然に存在するタンパク質から単離された，20種以上のアミノ酸の先駆けとなった．

デンプンもタンパク質も共に（後にわかったように）それぞれグルコース単位およびアミノ酸単位の，長い鎖からなる巨大分子から構成されていた．19世紀の化学者は，そのように長い鎖を実験室中で組み立てるような仕事には，ほとんど手が出なかったが，脂肪の場合は事情が異なっていた．

フランスの化学者シュヴルール（1786-1889）は信じられないほどの長い職業生活の最初の部分を，脂肪の研究に費した．1809年に彼は石鹸（脂肪をアルカリと加熱することによって製造される）を酸で処理し，現在**脂肪酸**とよばれているものを単離した．後に彼は脂肪が石鹸になるとき，グリセリンが脂肪から除かれることを示した．

グリセリンは比較的簡単な分子で，他の原子群が付加できる三つの場所があった．1840年までには，デンプンとタンパク質は極めて多くの簡単な単位から成り立っているのに対して，脂肪だけは事情が異なると考えるのは全く当然と思われた．脂肪はグリセリン1個と脂肪酸3個，合計4個の単位から構成されると考えられた．

ベルトローはこの点に着目し，1854年にグリセリンと，脂肪から得られる極めて普通の脂肪酸の一つであるステアリン酸とを加熱した．彼はグリセリン1個とステアリン酸3個からなる分子を合成したことを認めた．これはトリステアリンであって，天然の脂肪から得られたトリステアリンと同一であることが証明された．この化合物は，このときまでに合成された最も複雑な天然物であった．

　ベルトローはもっと劇的な前進を企てた．ステアリン酸の代わりに，彼は似てはいるが天然の脂肪からは得られない酸を用いた．このような酸とグリセリンを加熱して，彼は普通の脂肪とよく似てはいるが，天然に存在する脂肪とはいくらか性質の異なっている物質を得た．

　この合成は，化学者が生物の産物を複製する以上のことができることを示した[*]．化学者は一歩進んで，あらゆる性質が有機化合物に似ているが，生物によって実際に作られているどのような有機物とも異なる化合物を合成できた．19世紀後半には有機化学のこの面が劇的な高さにまで高められた（第10章参照）．

　19世紀の半ばには，生物体の活性に基づいて，物質を有機化合物と無機化合物に分類する方法は，旧式になって

---

[*] 化学者は今日でも，もっと複雑な生命組織の産物を実際に複製してはいない．しかし原理的には，最も複雑な分子の複製も可能であることが広く認められている．必要なものは時間と努力だけである——ただしある場合には，確かに実現しえないほどの量の時間と努力なのであるが．

きたのも不思議ではない．有機体によって作られたことのない有機化合物が存在するようになった．それにもかかわらず，その分類は，二つの類の間に重要な区別が残っていたので，依然として有用であった．その区別は極めて重要であったので，有機化学者の用いる技法は無機化学者の用いる技法と全く異なるように見えたほどであった．

全く異なる2種類の分子が関与しているように考えられたので，次第に両者の相違は化学構造にあるとみなされるようになってきた．19世紀の化学者が取り扱った無機物の多くは，2個ないし8個の原子からなる小さい分子であった．1ダースの原子を含む重要な無機分子の数は数えるほどに過ぎなかった．

ところが簡単な有機物でさえもが，1ダースまたはそれ以上，しばしば数ダースにも及ぶ原子からなる分子だった．デンプンやタンパク質のような物質に至っては，原子の数が何千，何万，何十万というような，文字どおり巨大分子であった．

したがって，簡単な無機分子は，激しい条件の下でも変化を受けないのに対して，複雑な有機分子が，弱く加熱するといったようなおだやかな反応条件の下でも，容易にしかも不可逆的に分解するのは当然である．

さらにまたすべての有機物が，例外なく，一つまたはそれ以上の炭素原子を分子中に含んでいることは，ますます注意に値するようになった．ほとんどすべての有機物が同時に水素を含んでいた．炭素も水素もそれ自身可燃性であ

るから,それらが重要な部分を占めている化合物もまた可燃性であることが予想できる.

ドイツの化学者ケクレ (1829-96) は論理的に事を進めた. 1861 年に出版された教科書で,彼は**有機化学**を単に炭素化合物の化学と定義した. したがって**無機化学**は炭素を含まない化合物の化学となった. この定義は一般に受け入れられるようになった. もっとも二酸化炭素や炭酸カルシウムのような炭素化合物は,典型的な有機化合物よりも典型的な無機化合物に似ている. このような炭素化合物は通常無機化学の本の中で詳細に取り扱われている.

異性体と基

18 世紀の化学の大進歩に関与した簡単な無機化合物は,原子の概念で容易に説明できた. それぞれの分子に存在する,異なる原子の種類と数を指摘すれば充分であると思われた. 酸素分子は O_2,塩化水素は HCl,アンモニアは NH_3,硫酸ナトリウムは Na_2SO_4 などと書けばよかった.

分子内に存在する各種の原子の数を与えたにすぎないこのような式は**実験式**(実験で定めることができるという意味である)とよばれた. 19 世紀の初めの 10 年間は,互いに異なる化合物はそれ自身の実験式をもち,二つの化合物が同じ実験式を持つことはない,と感じられていたのも当然であった.

大きな分子を含む有機物は,最初から厄介なものであった. モルフィン(タンパク質と比較すれば簡単な有機物で

ある）の実験式は $C_{17}H_{19}NO_3$ であることがわかっている．19世紀初期の方法を用いるのであれば，この実験式と他の実験式，たとえば $C_{16}H_{20}NO_3$ のどちらが正しいかを決めるのは，極めてむずかしい，というよりはむしろ不可能であった．モルフィンに比べればはるかに簡単な酢酸の実験式（それは $C_2H_4O_2$）ですら，19世紀前半には多くの矛盾した結果をもたらした．それにもかかわらず，化学者が有機物の分子構造について知りたいと思う場合には，まず実験式を知る必要があった．

1780年代にラヴォアジエは，有機化合物中の炭素と水素の相対比を，これを燃焼させるときに生じる二酸化炭素と水の質量を測ることによって知ろうと試みた．彼の結果は充分に精密ではなかった．19世紀初頭ゲイ゠リュサック（気体反応の法則の発見者．(104頁参照)）とその共同研究者のフランスの化学者テナール（1777-1857）は新しい改良法を提案した．彼らはその有機物を塩素酸カリウムのような**酸化剤**と混合した．加熱するとこの組み合わせから酸素が生じるが，この酸素が充分にその有機物に混じり合って，それを，よりすみやかにまた完全に燃焼させた．燃焼によって生じる二酸化炭素と水素を集めることによって，ゲイ゠リュサックとテナールは，もとの有機化合物中の酸素と水素の比を決定することができた．すでに提唱されていたドルトンの説によって，この比は原子の比として表わすことができた．

多くの有機化合物は炭素，水素，酸素の3種の元素だ

けから成る．炭素と水素の量を決め，酸素の量は全体から炭素と水素を引いた残りと考えれば，実験式が得られる場合が多かった．1811 年までにゲイ゠リュサックは，たとえば簡単な糖類のあるものに対してその実験式を定めた．

この方法はドイツの化学者リービヒ（1803-73）によってさらに改良された．彼は 1831 年までに，かなり信頼できる実験式を得ることができるようになった*)．

その直後，1833 年にフランスの化学者デュマ（1800-84）は燃焼生成物から窒素も集めることを可能にするように，この方法を改良した．これによって，有機物中の窒素含有量の決定が可能となった．

有機分析のこれらの先駆者たちは研究を進めていくうちに，実験式の重要性に対する信念を打ち砕くような結果を得た．それは次のようにして起こった．

1824 年にリービヒは**雷酸塩**と呼ばれる一群の化合物を研究していたが，一方ウェーラー（後にリービヒの無二の親友となり，またほどなく尿素を合成した（121 頁参照））も他の一群の化合物，**シアン酸塩**の研究をしていた．二人は仕事の結果をゲイ゠リュサックの編集している雑誌に投

---

*) リービヒは全時代を通して最も偉大な化学教育者の一人であった．彼はギーセン大学の教授であったが，ここで彼は世界最初の実際の化学実験コースを確立した．数多くの化学者が彼と共に研究し，彼から実験技術を学んだ．リービヒは化学の建設者の一人であった．18 世紀にはフランスが圧倒的に多くそのような人を出したが，19 世紀にはほとんどドイツの独占となってしまった．

稿した．

　ゲイ＝リュサックはこれらの化合物に与えられている実験式は同一であるのに，報告されている性質は全く異なることを認めた（たとえば，シアン酸銀も雷酸銀も，銀，炭素，窒素，酸素各1原子を含んでいる）．

　ゲイ＝リュサックはこの観察を，当時世界で最も有名であった化学者ベルセーリウスに報告したが，ベルセーリウスはこの発見を信じようとはしなかった．しかし1830年までにベルセーリウス自身も，異なる性質を持ってはいるが等しい実験式で表わされるように見える二つの有機酸（今日では $C_4H_6O_6$ であると知られている），**ブドウ酸**と**酒石酸**を発見した．

　これらの異なる化合物中には元素が同じ割合で存在するのであるから，ベルセーリウスはこれらの化合物は**同分異性体**（ふつう単に異性体という）（「等しい割合」という意味のギリシア語からとった）と呼ぶことを提案し，そしてこの提案は受け入れられた．そしてつづく数十年のうちに，ますます多くの異性体の例が発見された．

　二つの分子が，同じ数の同じ種類の元素からできているのに性質が異なるのは，明らかに分子内での原子の配列の仕方の差による．よりよく知られている簡単な無機化合物分子の場合には，分子内での原子の配列にはただ一つの可能性しかないこともあり得る．このため異性体が存在せず，実験式で充分であった．したがって H_2O は水であり，また水以外の何物でもない．

しかしながら，より複雑な有機分子では，異なる配列の存在する余地があり，したがって異性体の存在する余地がある．シアン酸塩と雷酸塩の場合，各分子は数個の原子を含むにすぎないので，異なる配置を見いだすのは容易である．シアン酸銀は AgOCN と書けるのに対して雷酸銀は AgNCO である．

　ここでは4つの原子が関与するにすぎない．原子の数が増すと，可能な配列の数が非常に多くなって，どの配列が，どの化合物に適合するかを定めるのが困難になる．16個の原子を含むにすぎないブドウ酸と酒石酸の場合でも，19世紀前半では手に負えなかった．もっと大きい分子が問題になる場合は（予想されるように），ただ不可能といってよかろう．

　もし簡単化の可能性が全くなかったとしたら，分子構造の問題はその問題そのものの存在が認められたその瞬間に，絶望的として打ち捨てられてしまったかもしれない．

　1810年およびそれ以降にゲイ＝リュサックとテナールはシアン化水素（HCN）の研究に従事していたが，これが酸素を含んでいないにもかかわらず，酸の性質を示すことを知った（これはデイヴィーの塩化水素についての同じ事実のほとんど同時になされた発見——（114頁参照）——と共に，酸素は酸に固有な元素であるというラヴォアジエの信念を否定した）．ゲイ＝リュサックとテナールは CN の組み合わせ（シアン化物イオン）は，炭素と窒素原子に切れることなく，化合物から化合物に移動で

きることを見いだした．CN の組み合わせは塩素や臭素原子1つと同一の挙動を示す．事実シアン化ナトリウム (NaCN) は塩化ナトリウム (NaCl) や臭化ナトリウム (NaBr) と似ている点もある*).

1つの分子から他の分子に移る場合でも結合したままである，2つ（またはそれ以上の）原子からなる，前述の原子団は，ラテン語の「根」からとって根または基とよばれた．この名前が与えられた理由は，分子は限られた数の小さな原子の結合体からなると信じられていたからであった．基はいわば分子がそこから生えてくる「根」であった．

もちろん CN 原子団ははなはだ簡単なものであるが，共同で研究していたリービヒとウェーラーははるかに複雑な例を実証した．彼らはベンゾイル基は分解することなく，1つの分子から他の分子に移動できることを発見した．ベンゾイル基の実験式は C_7H_5O であることが知られている．

要するに，大きな分子の構造の秘密を解き明かすためには，何個かの異なる基の構造をまず第一に決める必要があることがわかってきた．そうすれば分子はこれらの基から（願わくば）さしたる困難もなく組み立てることができよ

---

*) 特に注意しておきたいのは，「似ている点もある」というのは，すべての点を意味しないことである．塩化ナトリウムは生命に不可欠であり，臭化ナトリウムは弱い毒作用があり，シアン化ナトリウムは速効性の猛毒である．

う．事態は好転しつつあった！

第7章 分子構造

型の理論

ベルセーリウスは，基こそ有機分子がつくられている単位である，という考えに到達した．彼は無機分子が原子からできているのと同様に，有機分子は基からできていると考えた．彼は，基は個々の原子と同じように分割のできない，また触れることのできないものと考えるに至った．

ベルセーリウスは無機物中で原子を集め，有機物中で基を集めておく力の本性は電気的であるという立場をとっていた（この考えは，実際に最終的に正しかったことが証明された）．反対電荷の間にだけ引力が働くのであるから，それぞれの分子は陽性の部分と陰性の部分を含むべきであった．

塩化ナトリウムのような簡単な無機物の場合，陽性・陰性の概念は事実によく適合していることがわかった（252頁参照）．この概念を有機物にあてはめるためには，ベルセーリウスは，基は陰性の炭素と陽性の水素の2種の元素だけからできていると主張せざるを得なかった．そこで彼はベンゾイル基（C_7H_5O）は酸素を含まない，また含

むこともできないと主張せざるを得なかったが，このことは基に関した仕事を歪める結果となった．ベルセーリウスはまた化合物の性質を大きく変えることなしには，陽性元素を陰性元素で置換することは不可能だと確信していた．

この最後の論争点において彼が誤っていたことがただちに示された．デュマ（129頁参照）はベルセーリウスの熱狂的支持者であったが，彼の弟子の一人であるローラン（1807-53）は，1836年にエチルアルコール中の水素のいくつかを塩素原子で置換することにどうやら成功した．この実験はベルセーリウスの見解に対する決定的打撃となった．というのも，塩素は陰性，水素は陽性と考えられるのに，ある化合物の性質を大きく変えることなく，一方を他方で置換することができたからである．

さらに，塩素化された化合物中では，炭素は塩素に直接に結合していなければならない．しかし，この場合もし両者が陰性原子であるとすれば，どうして結合しうるであろうか．2つの陰性の電荷は互いに反発するはずであった（この点からみれば，どうして2つの塩素原子が分子をつくることができるのか？　このような問題は解決までになお1世紀を要した（270頁参照））．

晩年のベルセーリウスは怒りっぽく，また極めて保守的になり，彼の考えを変えることを拒んだ．ローランの報告を聞いて，彼は新しい発見を激しく攻撃した．1839年にデュマ自身も酢酸の3つの水素を塩素で置換した．しかしベルセーリウスの不機嫌を前にしては，デュマはおくび

ょうに引き下がってローランを否認した.

ローランは一歩も退かず，基はベルセーリウスの主張するように，壊されもせずさわることもできないようなものではなく，また陽性とか陰性といったことをあまり重視してはいけないという証拠を集め続けた．ベルセーリウスの怒りのためにローランは有名な研究室から閉め出され，ベルセーリウスの存命中は，彼の型の理論は彼の個性の力によってのみ存在し続けた．1848年のベルセーリウスの死によって，彼の理論も死に，ローランの理論が認められるようになった．

ローランは電気的な力に重点を置く考えを捨てた．彼は有機分子は，異なる基が結合できる核（それは1つの原子の場合もありうる）を持っていると考えた．そこで有機分子は族または**型**（それ故，型の理論といわれる）に分類されるであろう．1つの型に属するすべての分子は，一群の同じ基が結合できる同一の核を持つであろうし，その基の中では変化の余地がかなりあることになると考えられた．

ある特別の分子の型は無機物の領域にも拡張できると思われた．

たとえば，水分子（H_2O）は水素原子2個が結合している中央の酸素原子（核）からなると考えられる．1つの水素の代わりに一連の基を置換すれば，さまざまな有機分子以外に水までをメンバーに含むような化合物の1つの型がつくられる．

もし水素をメチル基（CH$_3$）またはエチル基（C$_2$H$_5$）で置換するならば、それぞれ CH$_3$OH（メチルアルコール）、C$_2$H$_5$OH（エチルアルコール）が得られる．同様にして厖大な数の他のアルコールがつくられる．そして実際に、アルコールは互いに多くの共通点を持っているが、それらはまた全体として、水とのある類似性を示すのである．メチルアルコールやエチルアルコールのような簡単なアルコールは水と任意の割合で混合する．金属ナトリウムは、水と反応する時より反応の速度はおそいけれども、アルコールと反応する．

1850年と1852年の間にイギリスの化学者ウィリアムソン（1824-1904）は、エーテルとよばれる有機化合物の族もまた、「水の型」からつくられることを示した．この場合には、水の2つの水素が有機基によって置換されている．その頃から麻酔剤として用いられ始めた通常のエーテルは、2つの水素がエチル基で置きかえられたものであり、したがってそれは C$_2$H$_5$OC$_2$H$_5$ である．

それ以前の1848年にフランスの化学者ヴュルツ（1817-84）は、アンモニアに関連ある一群の化合物を研究し、これらをアミンと呼んだ．彼はこれらの化合物が窒素核を有する型に属することを示した．アンモニアにおいては、3つの水素が窒素に結合している．アミンでは有機基がそれらの水素の1つまたはそれ以上と置換している．

型の理論は急速に増加する研究対象の化合物を体系化するのに用いることができたので、一般に認められるよう

になった．ロシア系ドイツ人の化学者バイルシュタイン（1838-1906）は1880年に有機化合物の厖大な概要書を発刊したが，この中でローランの型の理論をこれらの化合物を合理的な順序に配列するために用いた．

しかしながら，ローランの仕事から生まれたこの理論は，なお不完全なものであった．この理論は依然として基を単位として用いているので，分子構造の問題は解答されたというよりはむしろ回避されたのであった．適当な答えを得るためには，基それ自体の中における原子の実際の配列はどうなっているかという問題に直面しなければならなかった．

原子価

型の理論は，酸素原子はいつでも2個の他の原子または基と結合しているという点で，ある化学者たちに強い印象を与えた．酸素原子は2個の水素原子と結合して水を生じ，1個の水素原子と1個の有機基と結合してアルコールを，2個の有機基と結合してエーテルを生成するが，どの場合でも酸素は2個の単位と結合していた．

同様にして，窒素は常に3個の水素または基と結合している．コルベ（122頁参照）のような人は有機化合物の式を書く場合，酸素や窒素と結合するものの数が一定であることを当然のこととして容認した．

この点はイギリスの化学者フランクランド（1825-99）によって一般化された．彼は有機化合物が亜鉛のような金

属原子と結合している，**有機金属化合物**に興味をもった最初の人である[*]．この場合には，各々の金属原子はつねに多数の有機基と結合するであろうし，またその数はそれぞれの金属によって異なることが明らかであった．

1852年にフランクランドは，それぞれの原子はある一定の結合力を持っている，という命題を発表したが，これは後に**原子価**（ラテン語の「力」からとった）の理論として知られるようになった．たとえば，通常の条件では，ハロゲンはただ1つの他の原子と結合する．ナトリウム，塩素，銀，臭素にもこれが成立している．これらはすべて原子価が1である．

酸素原子はカルシウム，イオウ，マグネシウム，バリウムなどと同じく2個までの異なる原子と結合できるので，これらの元素はすべて原子価は2である．リン，アルミニウムおよび金の原子価は3であり，鉄の原子価は2または3である．しかしながら，原子価の本質は次第に初めに考えられたほど単純ではないことが明らかになった．それにもかかわらず，単純な形においてすら，この理論ははかり知れない価値をもっていることがわかった．

一つ重要な点をあげると，原子価の概念のおかげで一つ

---

[*] 本物の有機金属化合物では，金属原子は炭素原子としっかり結合している．酢酸亜鉛（フランクランドの時代より前に知られていた型の化合物）のような化合物は有機酸の塩であって，このような塩では金属原子は酸素原子に結合しているので，本物の有機金属化合物とは考えられていない．

の元素の原子量（100頁参照）と当量（93頁参照）との区別が明確にされた．19世紀の半ばですら，この二つを混用していた化学者が少なくなかったのである．

1原子の水素は1原子の塩素と結合して塩化水素を生じ，また塩素原子は水素原子の35.5倍の重さであるから，水素の1量が塩素の35.5量と結合すると決めてよい．即ち，塩素の原子量は35.5である．しかしながら水素の1量は必ずしもすべての元素とその原子量に比例して結合するのではない．たとえば，酸素の原子量は16であるが，原子価は2であるから，各々の酸素は2個の水素と結合する．したがって酸素の16量は水素の2量と結合する．酸素の当量は，水素の1量と結合する酸素の量であり，$\frac{16}{2}$，即ち8である．

同様にして窒素原子は原子量14，原子価3であるから3個の水素原子と結合できる．したがって窒素の当量は$\frac{14}{3}$，即ち約4.7である．

一般にある原子の当量は，原子量を原子価で割ったものである．

さて，ファラデーの電気分解の第二法則（117頁参照）によれば，一定量の電流によって遊離される種々の金属の質量は，それらの金属の当量に比例する．このことは，一定量の電流によって生じる2価の金属の質量は，ほぼ原子量の等しい1価の金属の場合の約半分にすぎないことを意味する．

この事情は「電気の原子」（117頁参照）1個が1個の1

価の原子を運ぶのに必要であるのに対して、1個の2価の原子を運ぶにはそれが2個必要であると仮定すれば説明できる。しかし、原子価と「電気の原子」を結びつけるこの考え方は、さらに半世紀後にならなければ完全に認められなかった（272頁参照）。

構造式

　原子価の概念は、ケクレ（すでに127頁において述べた）によって有機分子の構造に対して強力に応用された。彼はまず炭素の原子価は4であることを述べ、さらに1858年にはこれを基礎として簡単な有機分子および基の構造を設定するに至った。この考え方は、やがてスコットランドの化学者クーパー（1831-92）の、原子間の結合力（通常結合と呼ばれている）は短い線で書き表わし得る、という提案によって図式的に示された。このようにして有機分子はたくさんの「できそこないのおもちゃ」のしくみのように組み立てられるようになった。

　実際この表現によってなぜ一般的に、無機分子に比べて有機分子はそんなに大きく、また複雑であるかをはっきり示すことができた。ケクレの考え方によれば、炭素原子は4個の原子価の1つまたはそれ以上を用いて、互いに結合して直鎖状、または枝分れの直線分子をつくることができた。炭素のような特徴のある結合能力を持つ原子は、他にないように思われた。

　このようにして3種の最も簡単な**炭化水素**（炭素と水素

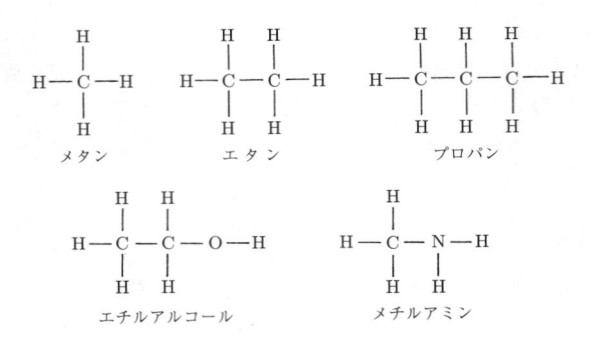

```
    H                H   H            H   H   H
    |                |   |            |   |   |
H — C — H       H — C — C — H    H — C — C — C — H
    |                |   |            |   |   |
    H                H   H            H   H   H
   メタン             エタン              プロパン


     H   H                      H
     |   |                      |
H — C — C — O — H          H — C — N — H
     |   |                      |   |
     H   H                      H   H
    エチルアルコール              メチルアミン
```

原子だけでできている分子), 即ち, メタン (CH_4), エタン (C_2H_6) およびプロパン (C_3H_8) は, すべての炭素が4個の結合を, すべての水素が1個の結合を持っているように書き表わすことができた.

炭素原子を好きなだけ長くつなぎ合わせて, この系列を続けていくこともできる. 2個の結合をもった酸素, 3個の結合をもった窒素を加えれば, エチルアルコール (C_2H_6O) やメチルアミン (CH_5N) が上図のように表わされる.

もし隣り合った2つの原子の間に2個の結合 (二重結合) または3個の結合 (三重結合) の存在をみとめるならば, このような**構造式**はもっと広く適用できるようになるだろう. エチレン (C_2H_4), アセチレン (C_2H_2), シアン化メチル (C_2H_3N), アセトン (C_3H_6O), 酢酸 ($C_2H_4O_2$) などは次ページの図のように表わされる.

```
    H   H                                      H
    |   |                                      |
H—C=C—H            H—C≡C—H                 H—C—C≡N
    |   |                                      |
    H   H                                      H
  エチレン             アセチレン              シアン化メチル


    H   O   H                          H   O
    |   ‖   |                          |   ‖
H—C—C—C—H                          H—C—C—O—H
    |       |                          |
    H       H                          H
      アセトン                            酢 酸
```

構造式の有用性はたいへん明らかだったので、多数の有機化学者はすぐにこれを受け入れた．彼らは有機分子を基からなりたつ構造として描くすべての試みを、時代おくれであるとした．いまや一つ一つの原子で書き表わす以外の方法は無用のものと思われた．

特にロシアの化学者ブートレロフ（1828-86）は、この新しい体系を支持した．1860年代に、彼は構造式を用いれば異性体（130頁参照）の存在が説明できることを示した．簡単な場合を例にとると、エチルアルコールとジメチルエーテルは極めて異なった性質を持っているにもかかわらず、同一の実験式 C_2H_6O を持っている．2つの化合物の構造式は次ページの図のようになる．

原子の配列の相違の結果、極めて異なる2種類の性質が現われてきても不思議はない．エチルアルコールの場合は6個の水素原子のうちの1個は酸素と結合しているの

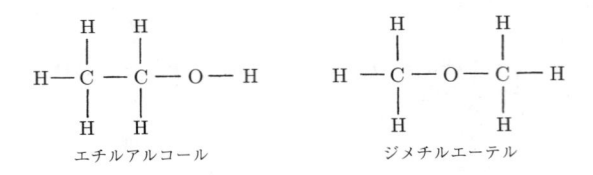

```
    H   H                          H        H
    |   |                          |        |
H — C — C — O — H          H — C — O — C — H
    |   |                          |        |
    H   H                          H        H
   エチルアルコール                  ジメチルエーテル
```

に反して，ジメチルエーテルでは6個のすべてが炭素原子に結合している．酸素原子は炭素原子よりも弱く水素原子と結合しているので，金属ナトリウムをエチルアルコールに加えると，$\frac{1}{6}$ の水素が置換されるが，ナトリウムをジメチルエーテルに加えても水素はまったく置換されない．このように化学反応は構造式を決める手がかりになるし，逆に構造式から化学反応を理解することもできる．

ブートレロフは，ある物質は常に2つの化合物の混合物として存在するという**互変異性**とよばれる新しい型の異性体を特に研究した．たとえこれらの化合物のうちの1つが純粋に単離されたとしても，それはたちまち部分的に他の化合物に変化してしまう．ブートレロフは互変異性は1つの水素原子が結合している酸素原子から離れて，その近くの炭素原子に自動的に移動する（また元にもどる）現象であることを示した．

構造式の概念が提出されてからの初めの数年の間での主要な問題は，簡単な炭化水素でその実験式が C_6H_6 であるベンゼンに関するものであった．どのような構造式も原子価の要求を満たし，それと同時にこの化合物の大きな安

ベンゼン

定性を説明することはできないようであった.即ち,初めに提案された構造式は,極めて不安定な他の化合物の構造式に似たものであった.

この事態を解決したのはまたもケクレであった.1865年のある日,(ケクレ自身によれば)バスの中でうとうとしている時,彼は原子が踊りながらぐるぐるまわっているのを見たような気がした.突然,一つの鎖の尾が同じ鎖の頭と結合してまわる輪をつくった.この時までは構造式は炭素の**直鎖**だけからつくられていたが,今やケクレは炭素原子がつくる環の概念をも確立したのであった.彼はベンゼンに対して上のような構造式を提案した.

この説明は受け入れられ,構造式の概念の基礎はいっそう強固なものとなった[*].

---

[*] しかし,ベンゼン中に3個の二重結合が存在することは新しい問題を生み出した.というのは二重結合を含む化合物は通常ある型の反応を行なうが,ベンゼンはこの種の反応を概して行

光学異性体

ケクレの構造式は有用であったけれども，一つの特別に微妙な異性体をまったく説明できなかった．この異性体には光が関係していたので，これを簡単に説明しておこう．

1801年に，眼の生理学を初めて理解した，すばらしいイギリスの物理学者ヤング（1773-1829）は，光はあたかも小さな波からできているようにふるまうことを証明する実験を行なった．1814年ころに，フランスの物理学者フレネル（1788-1827）は，光の波は**横波**といわれている特別の部類に属することを示した．この波は，波全体の進行方向に対して直角に振動している．この状態は，本来横波である水の波についていちばんよく観察される．個々の水の小部分は上下に運動しているが，波自身は前進している．

光の波は一平面にとじ込められていないので単に上下に運動しているだけではない．光の波は左右にも，北東・南西の方向にも，北西・南東の方向にも運動できる．実際は，光波が進行方向に対して直角に振動できる方向は無数にある．通常の光では，ある波はある方向に振動し，ある波は別の方向に，ある波はさらに別の方向に振動していて，特に有利な方向というものはない．

ところがそのような光を，ある種の結晶を通過させると，結晶内の原子の整然とした配列によって光がある特定

なわなかった．この二重結合らしくない二重結合の謎はおよそ四分の三世紀後になって初めて説明された（228頁参照）．

の平面内——この平面によって光は原子の列の間を通り抜けることができる——で振動するようになる．

ただ一つの平面内で振動する光は**偏光**と呼ばれる．この名前は 1808 年にフランスの物理学者マリュ（1775-1812）によって与えられた．この当時には，光の波動説はまだ認められておらず，マリュも光は北極と南極とを持つ小さな粒子からなっていて，偏光中ではすべての極が同一方向に並んでいるという考えを持っていた．この理論はすぐに消失したが，用いられた表現は残り，そして今日もなお用いられている．

1815 年までは，偏光の性質や挙動はまったく物理学者の領域に属するものと考えられていた．この年にフランスの物理学者ビオー（1774-1862）は，偏光がある種の結晶を通過すると，波の振動している平面が回転することを見いだした．ある時は平面は時計方向（**右旋性**）に，ある時は反時計方向（**左旋性**）に回転した．

この**光学活性**の性質を示す結晶の中には，有機化合物の結晶も含まれていた．さらに，種々の糖類などは結晶としてではなく，むしろ溶液として光学活性を示した．

やがて光学的性質だけしか違わない物質のあることがわかってきた．他の点ではすべて同一の性質を示すのであるが，一方の物質は偏光面を時計の向きに回転させるのに対して，他方の物質は偏光面を時計と反対の向きに回転させた．時によっては面をまったく回転させない第三の物質があった．ベルセーリウスの発見したブドウ酸と酒石酸

(130頁参照)の異性体は光学的性質だけが違っていた．

このような**光学異性体**は，ケクレの構造式では容易に説明できなかった．

光学活性の理解への第一歩は，1848年にフランスの化学者パストゥール（1822-95）が酒石酸アンモニウムナトリウムの結晶の研究に着手したときに始められた．

パストゥールはこの結晶が非対称であること，即ち，結晶の一方の側には，他方にはない小さな面があることに注目した．ある結晶ではこの面が右側に，別の結晶では左側にあった．拡大鏡を用いてパストゥールは苦心して2つの結晶をピンセットで分け，それぞれの溶液をつくった．溶液の性質は光学的性質を除いては同一であった．1つの溶液は右旋性で，他方は左旋性であった．そこで，光学活性はこの非対称性の結果であると考えられた．また偏光面が2つの方向のいずれに回転するかは，他の点ではまったく等しい2つの結晶が「右ききの」非対称性をもつか，あるいは「左ききの」非対称性をもつかによると考えられた．

この理論は結晶にあてはめた場合は満足できるが，溶液中にも存在し続ける光学活性は，どのように説明できるのであろうか？　溶液中では物質は結晶としては存在せず，乱雑に漂っている個々の分子として存在しているのである．もし光学活性が非対称性を意味するのであるならば，その非対称性は分子構造それ自体に存在しなければならなかった．

ケクレの構造式は必要な非対称性を示していなかったが，しかしこの欠点は非対称性と光学活性の関連を，必ずしも否定するものではなかった．結局のところ，ケクレの構造式は，黒板や紙の平らな 2 次元の表面に書かれたものであった．確かに，有機分子が実際に 2 次元であると予想すべきではなかった．

　1 つの分子の中で原子が 3 次元的に配列されているのは確かなように思われた．もしそうであるならば，その配列によっては，光学活性を説明するのに必要な非対称性を示すかもしれない．しかし，分子にどのようにして，必要な 3 次元性をあてはめたらよいのであろうか？

　誰も原子を見たことはなかったし，またその存在そのものも，化学反応を説明するのに用いられた便宜的な想像の産物に過ぎないかもしれなかった．その存在を文字どおりに受けとって，それを 3 次元空間に配列するのは，果たして安全な行き方であったろうか？

　次の第一歩を踏み出すには，年をとるにつれて得られる賢明な注意深さをまだ身につけていないような一人の若人が必要であった．

3 次元における分子

　そのような人こそ若いオランダの化学者ファント・ホッフ (1852-1911) であった．1874 年には，まだ学位を得るための仕事を終わっていなかったが，彼は大胆にも，炭素原子の 4 つの結合は 3 次元空間中に，正四面体の 4 つの

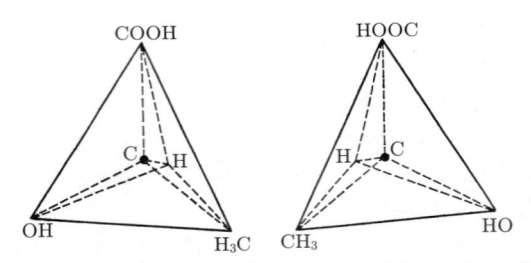

11図 炭素原子の正四面体結合によって，化合物の中で，一方が他方の鏡像であるというような2種の原子配置が可能になる．この模型は乳酸分子（CH$_3$CH(OH)COOH）についての鏡像配列を示している．

頂点のほうにのびていると提案した．

この点を理解するには，炭素原子の結合の中の3つは三脚の足に似たような形に配列されているのに対して，第四番目の結合は真直ぐに上方に突き出ていると想像すればよい．そこで各々の結合は残る3つの結合から等距離にあり，1つの結合とそれに隣接する任意の結合との間の角は約109°である（11図）．

このように炭素原子の4つの結合は原子の中心に対称的に配列されていると，4つの結合の各々が異なる種類の原子または原子団と結合した場合にだけ，非対称性が現われてくる．この場合には，4つの原子または原子団はまさしく2つの異なる方法によって配列でき，しかも一方は他方の鏡像である．この図形はパストゥールが結晶で見いだした非対称性と，まったく同じ型のものである．

ほとんど同時にフランスの化学者ル・ベル（1847-1930）も同様な提案を発表した．**炭素正四面体説**は，ファント・ホッフ-ル・ベルの説と言われるときもある．

炭素正四面体説は多くのことを鮮やかに説明したので，すみやかに受け入れられた．この点に力をかしたのはドイツの化学者ヴィスリツェヌス（1835-1902）によって 1887 年に書かれた本であったが，この本はその理論の背後に，一人の高齢の，特に尊敬されている科学者の権威をおくことになった．

最も重要な点は，この説には事実の見落としがなかった点である．**不斉炭素原子**（4つの異なる基と結合している炭素原子）を持っている化合物は光学活性を持ち，そのような原子をもっていない化合物は光学活性も持っていなかった．さらに，光学異性体の数は常にファント・ホッフ-ル・ベルの説から予言される数に等しかった．

19世紀の最後の 10 年間には，結合の 3 次元的な見方は，炭素以外にも拡張された．

ドイツの化学者ヴィクトル・マイヤー（1848-97）は，窒素の結合を 3 次元的に見るならば，光学異性のある種の型を説明できることを示した．イギリスの化学者ポープ（1870-1939）はこの考えはイオウ，セレン，スズなどの原子にも適用できることを示した．ドイツ系スイス人の化学者ウェルナー（1866-1919）はコバルト，クロム，ロジウムのような金属を加えた．

（1891 年から，ウェルナーは分子構造の**配位説**を発展さ

せ始めた．彼自身の言によると，この説に対する着想は眠っている最中に浮かんで来たので，驚いて午前2時に目を覚ました，という．この説の要点は，原子間の構造的関係は通常の原子価に対応した結合に必ずしも限定されないということである．そうではなく，特に比較的複雑な無機化合物のあるものでは，通常の原子価を考慮しないようなある種の幾何学的原理と対応しながら，原子団がある中心原子の周りに配列され得る．原子価の概念が充分精巧なものとなって，その中にフランクランドやケクレの概念を満たす単純な化合物も，ウェルナーの**配位化合物**も共に包括されるようになるまでには，なお約半世紀を要した．）

3次元構造の構想はすみやかに，よりいっそうの発展をもたらした．ヴィクトル・マイヤーは，原子団はふつう自身と，分子の他の部分とを結合している単結合の周りを，自由に回転することができるが，近くの原子団の大きさによってこの回転が時たま妨害されることを示した．**立体障害**とよばれるこの状況は，ふつうは蝶番によって自由に動くドアが，何かの邪魔物によって動かなくなる状態にたとえることができよう．ポープはさらに，立体障害によって分子は非対称となりうることを示した．このような分子は，それを構成している原子にはそれ自身非対称性がないのにもかかわらず，光学異性を示すのである．

ドイツの化学者バイヤー（1835-1917）は1885年に平面の環の中に配列されている炭素原子を想定するために，3次元的見解を用いた．もし炭素原子の4つの結合が，正

四面体の4つの頂点の方向をさしているならば、それらの結合の任意の2つのなす角は109.5°である。バイヤーはすべての有機化合物において、炭素原子はその結合の角が自然の角度にとどまるように結合する傾向があると論じた。もし角度を変えなければならない場合、その原子はひずみをうけることになる。

もし3個の炭素原子が結合して環をつくったとすると、その環は正三角形となり、2本の結合のなす角は60°である。この角度は自然の109.5°からはほど遠く、このため炭素の三員環は生成が困難であり、またそれが一度つくられてもすぐ切れてしまう。

4つの炭素原子がつくる環は正方形になるから、結合角は90°である。五員環は五角形で結合角は108°であり、六員環は結合角120°の六角形をつくる。したがって五員環には炭素原子の結合に対してほとんどひずみがなく、また六員環にはわずかのひずみが含まれるにすぎない。それゆえ、自然界にこの種の環が、六員環以上の環や五員環以下の環よりも、圧倒的に多く存在するということは、バイヤーの張力説によって説明されたようであった[*]。

1880年代の最も劇的な業績は、おそらくドイツの化学者フィッシャー (1852-1919) の単糖類の研究であろう。

---

[*] バイヤーの張力説は単一の平面内に存在する原子からなる環に適用される。しかし原子はつねに1つの平面内に存在する必要はなく、この制限が成立しないようなすべての種類の異常な環を形成することができる(し、実際に形成する)。

数多くのよく知られた単糖類が $C_6H_{12}O_6$ という同一の実験式を共有していた．それらはまた多くの共通の性質を持っていたが，特に光学活性の大きさの点ではそれぞれ異なっていた．

フィッシャーはそれらの糖の各々が4つの不斉炭素原子を持っていて，ファント・ホッフ-ル・ベルの説に基づけば16の光学異性体が存在することを示した．これらの異性体は8つの2つずつの組に分けられ，それぞれの対において，一方はちょうど他方が時計の反対方向に回転させるだけ，偏光面を時計方向に回転させる．

フィッシャーはこの16の異性体のそれぞれの正確な原子配置を決定する仕事に着手した．6つの炭素からなる糖類に16の異性体が発見され，それらが8つの対に分けられるということは，ファント・ホッフ-ル・ベル説の価値を強く証拠づけるものである．他の種類の糖，アミノ酸，その他の化合物の場合にも同様に正確な予言が可能である．

1900年までに，分子構造の3次元的記述は，その価値を充分証明され，広く受け入れられた．

第8章　周期表

乱雑に並んだ元素

　19世紀の有機化学の歴史と無機化学の歴史にはおもしろい並行関係がある．世紀初頭の数十年間に有機化合物の数は不思議なほど増大したが，同じように元素の数も増えた．50年から75年にかけて，有機化合物の領域には，ケクレの構造式によって秩序がもたらされたが，元素の世界にもまた，秩序がもたらされた．そして少なくともこの二つの変化をもたらした原因の一部は，化学者のある国際的会合での出来事に帰せられる．

　ともかく世紀初めの無秩序な状態から話を始めよう．

　古代人に知られていた9種あまりの元素と，中世の錬金術師の研究した4種の元素の発見については，すでに第4章でのべた．窒素，水素，酸素，塩素などの気体状元素はいずれも18世紀に発見された．コバルト，白金，ニッケル，マンガン，タングステン，モリブデン，ウラン，チタン，クロムなどの金属元素も18世紀に発見された．

　19世紀の最初の10年間に，少なくとも14の新しい元

素が表に加えられた．この本の中ですでに言及された化学者の中では，デイヴィーは電気分解によって6つ以上の元素を単離し（115頁参照），ゲイ＝リュサックとテナールはホウ素を単離した．ウォラストンはパラジウムとロジウムを単離し，ベルセーリウスはセリウムを発見した．

そのころ，ウォラストンが助手をつとめたことのあるイギリスの化学者テナント（1761-1815）はオスミウムとイリジウムを発見した．同じくイギリスの化学者，ハチェット（1765頃-1847）はコロンビウム（今は公式にはニオブと呼ばれている）を単離したし，スウェーデンの化学者エーケベリ（1767-1813）はタンタルを発見した．

これに続く数十年の収穫は最初の10年ほど豊かではなかったにしても，元素の数は増え続けた．たとえば，ベルセーリウスはセレン，ケイ素，ジルコニウム，トリウムの4元素を発見した（12図）．ヴォークランは1797年にベリリウムを発見した．

1830年までに，55種の異なる元素が認められたが，古代の四元素説からは長い道のりであった．実際この数はあまりに大きすぎて，化学者の不安の種となった．元素の性質は大きな幅で変わるので，それらにはほとんど秩序が認められないように思われた．なぜ，このように数多くの元

12図（右） ベルセーリウスの発見当時に知られていた54種の元素と，酸素の16.0000を基準として計算した原子量の表（『元素の探求』より引用）．

原 子 量 (アイウエオ順)

元　素	原子量	元　素	原子量
亜　　　　鉛	65.38	炭　　　　素	12.011
アルミニウム	26.98	タ ン タ ル	180.95
アンチモン	121.76	チ　タ　ン	47.90
イ　オ　ウ	32.066	窒　　　　素	14.008
イットリウム	88.92	鉄	55.85
イリジウム	192.2	テ　ル　ル	127.61
ウ　ラ　ン	238.07	銅	63.54
塩　　　　素	35.457	ト リ ウ ム	232.05
オスミウム	190.2	ナトリウム	22.991
カドミウム	112.41	鉛	207.21
カ リ ウ ム	39.100	ニ　オ　ブ	92.91
カルシウム	40.08	ニ ッ ケ ル	58.71
金	197.	白　　　　金	195.09
銀	107.88	バナジウム	50.95
ク　ロ　ム	52.01	パラジウム	106.4
ケ　イ　素	28.09	バ リ ウ ム	137.36
コ バ ル ト	58.94	ビ ス マ ス	209.00
酸　　　　素	16.0000	ヒ　　　　素	74.91
臭　　　　素	79.916	ベリリウム	9.013
ジルコニウム	91.22	ホ　ウ　素	10.82
水　　　　銀	200.61	マグネシウム	24.32
水　　　　素	1.0080	マ ン ガ ン	54.94
ス　　　　ズ	118.70	モリブデン	95.95
ストロンチウム	87.63	ヨ　ウ　素	126.91
セ リ ウ ム	140.13	リ チ ウ ム	6.940
セ　レ　ン	78.96	リ　　　　ン	30.975
タングステン	183.86	ロ ジ ウ ム	102.91

素があるのであろうか？　あと何個これから発見されるのであろうか？　10個か，100個か，1000個か，それとも無数なのであろうか？

すでに知られている元素の表に，秩序を与える仕事は，やりがいがありそうに思われた．おそらくそうすることによって，元素の数が多い理由や，存在している元素の性質の多様性を説明する，何らかの方法が見いだされるのではないかと考えられた．

秩序のかすかな閃きを，最初に認めたのはドイツの化学者デーベライナー（1780-1849）であった．1829年に彼は，3年前にフランスの化学者バラール（1802-76）によって発見された臭素の性質が塩素とヨウ素のちょうど中間であるらしいことを認めた（ヨウ素はやはりフランスの化学者クールトワ（1777-1838）によって1811年に発見された）．塩素，臭素，ヨウ素は色とか反応性といった性質がなだらかな段階を示しているだけではなく，臭素の原子量は塩素とヨウ素のちょうど中間の値であった．これは単なる偶然であろうか？

デーベライナーはさらに，性質がきちんと段階的な変化を示している3つの元素の組をもう2つ，即ちカルシウム，ストロンチウム，バリウムおよびイオウ，セレン，テルルの2組を発見した．この2組のどちらの場合でも，中央の元素の原子量は，他の2つのほぼ中間であった．これもまた偶然の一致であろうか？

デーベライナーはこれらの組を「3つ組元素」とよび，

他の例を探したがこれは失敗に終わった．知られている元素の $\frac{5}{6}$ が3つ組元素の組に配列できないことから，化学者たちは，デーベライナーの発見は単なる偶然の一致である，と決めてしまった．その上，デーベライナーの3つ組元素の中で，原子量が化学的性質と対応するという特色は，概して化学者の注目を集めることができなかった．19世紀前半には原子量の意義は，一般に過小評価されていた．原子量は化学計算をするには便利であるが，たとえば，元素の表をつくるに際して原子量を用いる理由はない，などと考えられていた．原子量が化学計算に有用かどうかすら疑わしかった．原子量と分子量とを注意深く区別しない化学者もいたし，原子量と当量とを区別しない化学者もいた．たとえば酸素の当量は 8 （140頁参照），原子量は 16，分子量は 32 である．化学計算では当量の 8 が最も便利である．それならば，元素の表の中での酸素の位置を決めるために，なぜ 16 という数が用いられなければならないのか？

このように当量，原子量および分子量の間での混同があったことは，単に元素の表をつくる問題に対してだけではなく，化学一般の研究の秩序を乱すような影響を及ぼした．ある原子にわり当てた相対的質量の不一致は，ある化合物中のある元素の原子の数に関する不一致となって現われた．

ケクレは，構造式に関する考え方を発表したすぐ後で，もし化学者がまず第一に実験式の段階で意見の一致がな

いならば，構造式の概念も何の意味もないものになることに気がついた．そこで彼は全ヨーロッパの主な化学者が会議を開いて，この問題を討論することを提案した．その結果，史上最初の国際化学会議が開催された．これは第一回国際化学会議とよばれ，1860年にドイツのカールスルーエで開かれた．

140人の参会者の中にはイタリアの化学者カニッツァーロ（1826-1910）がいた．2年前にカニッツァーロは彼の同国人のアヴォガドロ（106頁参照）の業績を知る機会を得た．彼はアヴォガドロの仮説が，どのようにして重要な気体状元素の原子量と分子量を区別するのに用い得るか，またこの区別がどのようにして元素一般に対して原子量の問題を解決するのに役立つべきかを認めた．さらに彼は原子量と当量を注意深く区別することの重要性を認識した．

この会議の席上で彼はこの問題について力強い演説を行ない，また彼の論旨を充分に述べたパンフレットを配った．時間をかけて，根気よく彼は化学界を彼の見解に従わせた．この時以後，原子量の問題は明らかにされ，ベルセーリウスの原子量表（108頁参照）の重要性が認識された．

この発展によって有機化学の世界では，実験式に対する人々の意見の一致が得られ，それから進んでまず2次元的に，ついで3次元的に構造を詳しく示し得るようになった．この詳細は次章に述べる．

無機化学においても，その結果は同じように実り多いも

のであった．なぜならば，今や元素を配列するのに，少なくとも一つの合理的な順序——原子量の増大する順序——があるようになったからである．一度それが成されると，化学者は新しい感覚で元素の表を見ることができるようになった．

元素の体系化

1864年にイギリスの化学者ニューランズ（1837-98）は，知られている元素を，原子量が増大する順序に配列し，その配列が，元素の性質に少なくとも部分的な規則性を与えることを認めた（13図）．元素を7つずつ縦に並べてみると，類似の元素が同一の横の列に並ぶ傾向が認められた．たとえば，カリウムはきわめて類似しているナトリウムのすぐ次に，セレンはよく似たイオウの次に，カルシウムは類似のマグネシウムの次に，というように位置する．実際，デーベライナーの3つの3つ組元素はそれぞれ同一の行に見いだされた．

ニューランズはこれを**オクターブの法則**と呼んだ（音楽では1オクターブ中には7つの楽音があり，第8番目の音は第1番目の再生といってよく，また新しいオクターブの始まりでもある）．確かにこの表の横行のあるものは類似の元素を含んではいるが，残念なことに，他の横行はかなり性質の違った元素を含んでいた．そのため他の化学者たちは，ニューランズの示したものは，何か意義あるものというよりは，単なる偶然だろうと感じた．彼は自分の

仕事を出版させることができなかった．

その2年前，フランスの地理学者ド・シャンクルトワ（1820-86）もまた元素を原子量が増加する順に並べ，これを一種の円筒グラフに図示した．この場合も，同種の元素は縦に列をつくって並ぶ傾向があった．彼は，論文は発表したが，グラフは発表しなかった．そしてかれの仕事もまた埋もれたままに終わった（14図）．

ドイツの化学者ロタール・マイアー（1830-95）はもっと大きな成功を収めた．マイアーはさまざまな元素のある

	No.		No.		No.		No.
H	1	F	8	Cl	15	Co Ni	22
Li	2	Na	9	K	16	Cu	23
Ga	3	Mg	10	Ca	17	Zn	25
B	4	Al	11	Cr	19	Y	24
C	5	Si	12	Ti	18	In	26
N	6	P	13	Mn	20	As	27
O	7	S	14	Fe	21	Se	28

13図 1864年にニューランズによって発表された「オクターブの法則」はメンデレーエフの周期表の先駆者であった．

一定量によって占められる体積に着目した．この条件下では，その質量の各々は，それぞれの元素について同数の原子を含むことになった．これはさまざまの元素の体積の比は，それぞれの元素の一つの原子の体積の比に等しいことを意味した．即ち**原子容**が論じられるようになった．

原子容を原子量に対してグラフ上に目盛ると，一連の波形が得られ，それはアルカリ金属，即ち，ナトリウム，カリウム，ルビジウム，セシウムのところで鋭いピークを示した．各ピークへの上り，下りは，それぞれ元素の表の中

	No.		No.		No.		No.
Br	29	Pd	36	I	42	Pt / Ir	50
Rb	30	Ag	37	Cs	44	Tl	53
Sr	31	Cd	38	Ba / V	45	Pb	54
Ce / La	33	U	40	Ta	46	Th	56
Zr	32	Sn	39	W	47	Hg	52
Di / Mo	34	Sb	41	Nb	48	Bi	55
Ro / Ru	35	Te	43	Au	49	Cs	51

テルルを基点としたラセン図形

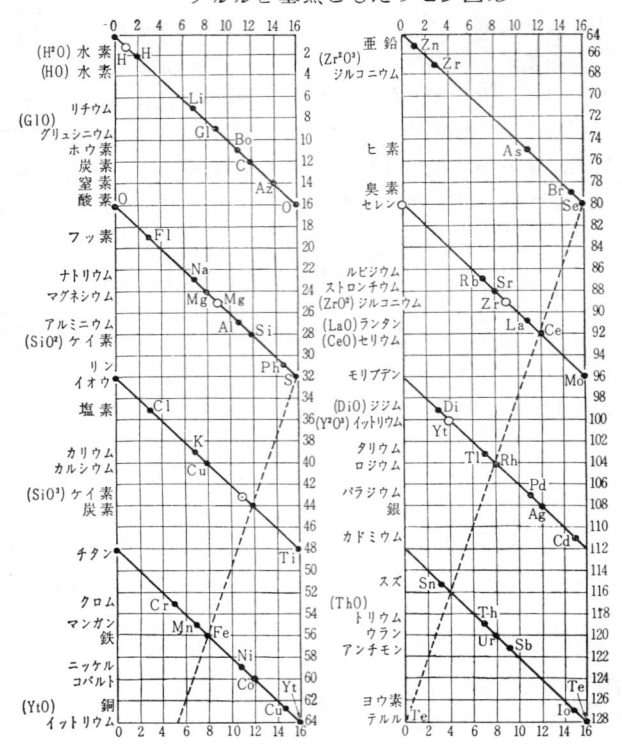

(H²O) 水素
(HO) 水素
(G1O) リチウム
グリュシニウム
ホウ素
炭素
窒素
酸素
フッ素
ナトリウム
マグネシウム
アルミニウム
(SiO²) ケイ素
リン
イオウ
塩素
カリウム
カルシウム
(SiO³) ケイ素
炭素
チタン
クロム
マンガン
鉄
ニッケル
コバルト
(YtO) 銅
イットリウム

亜鉛
(Zr²O³) ジルコニウム
ヒ素
臭素
セレン
ルビジウム
ストロンチウム
(ZrO³) ジルコニウム
(LaO) ランタン
(CeO) セリウム
モリブデン
(DiO) ジジム
(Y²O³) イットリウム
タリウム
ロジウム
パラジウム
銀
カドミウム
スズ
(ThO) トリウム
ウラン
アンチモン
ヨウ素
テルル

ノート:丸で囲んだのはいわゆる2次的数値に対応する原子量である.

14図 ド・シャンクルトワは1862年に元素を原子量に従って配列し,それらを類似の性質によって関連させたところ,らせん状のグラフが得られた.

の1周期に対応する．それぞれの周期のなかでは，原子容以外の多くの物理的性質もまた上り，下りした（15図）．

元素の表の第1番目にくる水素（最も軽い原子量をもっている）は，特別の場合で，ただ一つで第1周期をつくると考えられる．マイアーの表の第2，第3周期はそれぞれ7つの元素を含み，ニューランズのオクターブの法則の再現である．しかしそれに続く2つの波は7つ以上の元素を含んでいて，ニューランズがどこで誤りを犯したかがはっきりと示された．1つの列に7つの元素というオクターブの法則を，周期表全体にわたって正確に成立するようにはできなかった．後のほうの周期は前の周期よりも長くなくてはならなかった．

1870年にマイアーは彼の業績を出版したが，時すでに遅かった．1年前にロシアの化学者メンデレーエフ（1834-1907）もまた，元素の周期の長さが変化することを見いだし，その結果を特に劇的な方法で示した．

メンデレーエフはカールスルーエの会議が開かれたころ，ドイツで学位をとるための研究に従事していたので，この会議に出席してカニッツァーロの原子量についての見解を聞いた人々の一人であった．ロシアに帰ってから後，彼もまた原子量が増加する順序に並べた元素の表についての研究を始めた．

メンデレーエフは原子価の方向（139頁参照）からこの問題に取り組んだ．彼は，表の前のほうにでてくる元素では，原子価が漸進的に変化することを認めた．即ち，水素

は1，リチウムは1，ベリリウムは2，ホウ素は3，炭素は4，窒素は3，イオウは2，フッ素は1，ナトリウムは1，マグネシウムは2，アルミニウムは3，ケイ素は4，リンは3，酸素は2，塩素は1の原子価を持っていた．

原子価は増したり減少したりして周期をつくる．最初の水素はそれ自身だけで，1周期をつくる．次に7つの元素からなる2つの周期が続く．それから7つ以上の元素を

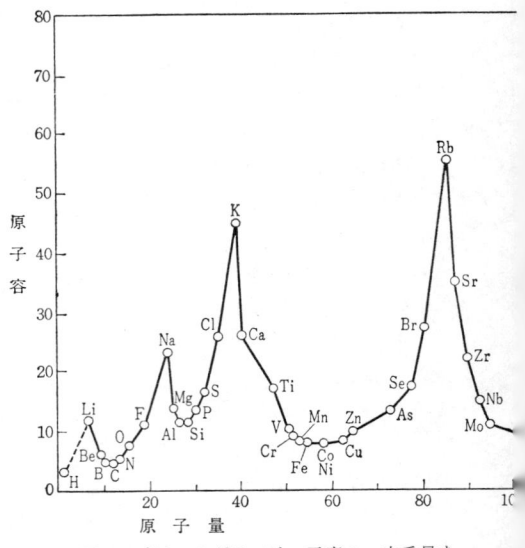

15図 マイアーのグラフは，元素の一定重量をその体積に対してグラフに目盛ったものである．

もった周期が現われる．メンデレーエフは彼の持っていた知識を，マイアーやド・シャンクルトワのしたようにただ図形をつくるためばかりでなく，彼はニューランズの場合のように表をつくることに用いた．

このような**元素の周期表**は図形よりも明確で効果も大きかったが，メンデレーエフは周期の大きさが常に一定というニューランズの誤った主張を避けた．

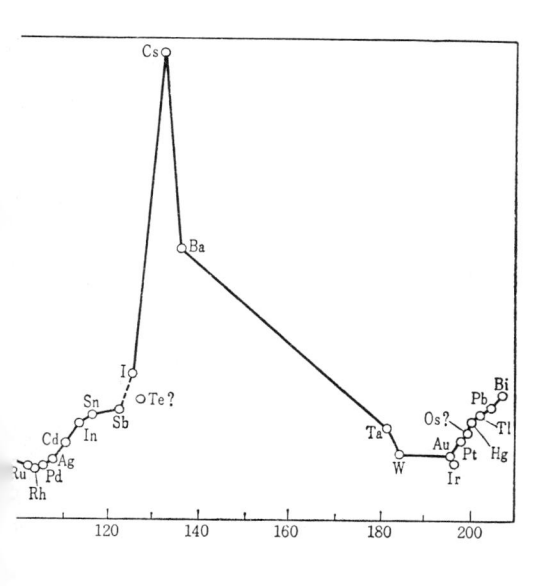

но въ ней, мнѣ кажется, уже ясно выражается примѣнимость выставляемаго мною начала ко всей совокупности элементовъ, паи которыхъ извѣстенъ съ достовѣрностью. На этотъ разъ я и желалъ преимущественно найти общую систему элементовъ. Вотъ этотъ опытъ:

				Ti=50	Zr=90	?=180.
				V=51	Nb=94	Ta=182.
				Cr=52	Mo=96	W=186.
				Mn=55	Rh=104,4	Pt=197,4
				Fe=56	Ru=104,4	Ir=198.
			Ni=Co=59		Pl=106,6	Os=199.
H=1			Cu=63,4		Ag=108	Hg=200.
	Be=9,4	Mg=24	Zn=65,2		Cd=112	
	B=11	Al=27,4	?=68		Ur=116	Au=197?
	C=12	Si=28	?=70		Sn=118	
	N=14	P=31	As=75		Sb=122	Bi=210
	O=16	S=32	Se=79,4		Te=128?	
	F=19	Cl=35,5	Br=80		I=127	
Li=7	Na=23	K=39	Rb=85,4		Cs=133	Tl=204
		Ca=40	Sr=87,6		Ba=137	Pb=207.
		?=45	Ce=92			
		?Er=56	La=94			
		?Yt=60	Di=95			
		?In=75,6	Th=118?			

а потому приходится въ разныхъ рядахъ имѣть различное измѣненіе разностей чего нѣтъ въ главныхъ числахъ предлагаемой таблицы. Или же придется предполагать при составленіи системы очень много недостающихъ членовъ. То и другое мало выгодно. Мнѣ кажется притомъ, наиболѣе естественнымъ составить кубическую систему (предлагаемая есть плоскостная), но и попытки для ея образованія не повели къ надлежащимъ результатамъ. Слѣдующія двѣ попытки могутъ показать то разнообразіе сопоставленій, какое возможно при допущеніи основнаго начала, высказаннаго въ этой статьѣ

Li	Na	K	Cu	Rb	Ag	Cs	—	Tl
7	23	39	63,4	85,4	108	133		204
Be	Mg	Ca	Zn	Sr	Cd	Ba	—	Pb
B	Al	—	—	—	Ur	—	—	Bi?
C	Si	Ti	—	Zr	Sn	—	—	—
N	P	V	As	Nb	Sb	—	Ta	—
O	S	—	Se	—	Te	—	W	—
F	Cl	—	Br	—	J	—	—	—
19	35,5	58	80	190	127	160	190	220.

メンデレーエフはマイアーが彼の仕事を発表した1年前の1869年に彼の周期表を発表した（16図）．しかしながら周期表の発見に対して，彼が他の発見者たちの得たものよりもはるかに多くの栄誉を得た理由は，単に彼の発表が早かったということのためではない．それはむしろメンデレーエフが彼の周期表を，どのようにみごとに活用したかによっているのである．

ある特定の族の元素は，すべて同一の原子価を持つ，という要求を満足するように，メンデレーエフは一，二の場合に，わずかに原子量の小さい元素の代わりにわずかに原子量の大きい元素を配置せざるを得なかった．たとえば，テルルを原子価2の行に，ヨウ素を原子価1の行にとどめておくために，テルル（原子量126.6 原子価2）をヨウ素（原子量126.9 原子価1）の前におく必要があった[*]．

これではまだ不充分であるというかのように，彼はまた周期表にすきまを残す必要があることを見いだした．メンデレーエフはこのすきまを彼の周期表の不完全な点とは考

---

[*] その理由は以後半世紀もの間，不明のままであったが，メンデレーエフの直覚力はこの点に関して正しかった（269頁参照）．

16図（左） 1869年のロシア化学会雑誌に発表された，メンデレーエフの周期表の最初の公示．

えず，大胆にもこれをまだ発見されていない元素を表わすものと把握した．

1871年に彼はその年に改訂された周期表において，ホウ素，アルミニウム，ケイ素の次に来たるべき3つの元素に相当するすきまを特に指摘した．彼はこれらのすきまに属すべきものとして，それら未発見の元素に対して**エカホウ素，エカアルミニウム，エカケイ素**（「エカ」は「一」を意味するサンスクリット）の名前までも与えたのであった．彼は，また周期表のすきまの上下の元素の性質から，こうでなければならないと判断して，——即ちデーベライナーの洞察の線を追い，それを完成させることによって——これら未発見の元素の種々の性質をも予言した．もしもメンデレーエフの大胆な予言が劇的に証明されなかったならば，化学界はメンデレーエフの学説に対して，懐疑的態度をとり続けていたであろうし，あるいは今日までそうであったかもしれない．さて，その劇的な証明はまず第一に，新しい化学的武器——分光器の使用に帰せられる．

空所を埋める

1814年に，ドイツの光学技師フラウンホーファー（1787-1826）は，彼の製作したすばらしいプリズムを検査していた．彼は太陽光線を，まずスリットを，ついで彼の三角形のガラスのプリズムを通過させてみたところ，光は一連の黒線を含んだ色のスペクトルをつくることを見いだした．彼は注意深く位置を記録しながら，約600本の

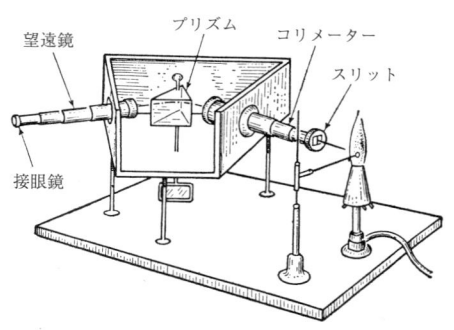

17 図 いくつかの元素の発見に用いられた分光器によって，研究者は白熱した金属の輝線スペクトルの比較をすることができた．

黒線を数えた．

1850年代の後半に，ドイツの物理学者キルヒホフ (1824-87) とドイツの化学者ブンゼン (1811-99) とは共同して，この黒線から驚くべき情報を引き出した．

彼らの用いた主要な光源は，ブンゼンが発明し，今日でも化学実験を始めたばかりの学生さえ知っているブンゼンバーナーであった．この器具はガスと空気の混合物を燃焼させて，熱い，ほとんど無色の炎をつくる．キルヒホフが種々の化合物の結晶をその炎の中に入れたところ，炎は特別の色の光で輝いた．その光をプリズムに通すと，いくつかの輝線に分かれた．

キルヒホフは，各元素は白熱状態にまで加熱されるとき，他のどの元素とも異なる型の特性的な輝線スペクトル

を現わすことを見いだした．このようにしてキルヒホフは，熱せられた時に生じる光によって各元素の「指紋をとる」方法を確立した．元素の指紋が揃ってしまうと，彼は逆に問題をたどり，スペクトルの輝線から，結晶中の未知の元素を推定することができた．このようにして元素を分析するのに用いられる装置は**分光器**と呼ばれた（17図）．

今日では，よく知られているように，光は原子の中で起こるある現象の結果生じるものである．違った型の原子の中では，これらの現象もそれぞれ特別のしかたで起こる．それゆえ，各々の元素は，ある波長の光だけを放射するであろう．

もし光が蒸気に当たるならば，蒸気の原子の内部における同種の現象が逆方向に起こるようになる．そのとき，ある波長の光が放射されるのではなく，逆に吸収される．さらにまた，どの場合にも同一の現象（第一の場合は前向きに，第二の場合は後向きに）が関与しているのであるから，ある条件で蒸気によって吸収される光の波長と，その蒸気が別の条件で放射する光の波長とは正確に同一である．

太陽光線のスペクトルの黒線は，おそらく太陽の白熱した本体から出る光が，その周囲の比較的低温の気体によって吸収された結果生じたにちがいないと考えられた．太陽の周囲の気体が光を吸収したのであるから，スペクトルに現われた黒線の位置から，太陽の周囲にはどのような元素が存在するか，を知ることができた．

分光器による研究の結果，太陽（そして星も，さらに星の間にある気体状物質もまた）は，地球上に存在する元素と同種の元素から成り立っていることが明らかになった．この結論は，天体は地球をつくっているものと本質的に異なる物質から成り立っている，というアリストテレスの信念（23頁参照）を最終的に粉砕した．

分光器は，新しい元素を発見するための，新しい，強力な方法を提供した．もし白熱された鉱物がすでに知られている元素には属していないスペクトル線を示すならば，そこに未知の元素が含まれていると推定することは当然と思われた．

ブンゼンとキルヒホフは1860年に，異常なスペクトル線を示すある鉱物を検査し，新しい元素を求めてその鉱物の研究を始めることによって，この推理が正しいことを巧みに証明した．彼らはその元素を発見し，それがナトリウムとカリウムに性質の似たアルカリ金属であることを証明した．

そのスペクトルの最も目立つ色である空色のラテン語にちなんで，この元素は**セシウム**と命名された．1861年に，彼らはさらに別のアルカリ金属，これもやはりスペクトル線の色の赤色のラテン語にちなんで命名された**ルビジウム**，を発見することによってまたも勝利をえた．

他の化学者もこの新しい道具を利用し始めた．これらの中の一人にフランスの化学者ボアボドラン（1838-1912）がいた．彼は故郷のピレネー地方の鉱物を，15年にもわ

たって分光器で研究した．1875 年に彼は未知のスペクトル線を見つけ出し，亜鉛鉱石の中から新しい元素を発見した．彼はこれをフランスの古名ガリアにちなんで**ガリウム**と命名した．

しばらくしてから，彼は性質を調べることができるくらいの量のこの新元素を準備した．メンデレーエフはボアボドランの報告を読んで，ただちにこの新元素こそは彼自身のエカアルミニウムに他ならないことを指摘した．さらに研究の結果，その同定は確かなものとなった．メンデレーエフの予言したエカアルミニウムの性質はすべての点においてガリウムのそれと対応した．

メンデレーエフによって予言された，他の 2 つの元素は，旧式の方法によって発見された．1879 年にスウェーデンの化学者ニルソン（1840-99）は，彼が（スカンジヴィアにちなんで）**スカンジウム**と命名した元素を発見した．その性質が報告されたとき，ニルソンの同僚の一人であるスウェーデンの化学者クレーヴェ（1840-1905）は，ただちに，その元素とメンデレーエフのエカホウ素との類似性を指摘した．

ドイツの化学者ヴィンクラー（1838-1904）はある銀鉱石を分析したところ，それが含んでいるすべての既知の元素はその重量の 93％ にすぎないことを認めた．残る 7％ を追いつめて，彼は（ドイツにちなんで）**ゲルマニウム**と命名した元素を発見した．これはメンデレーエフのエカケイ素であることがわかった．

このようにして，メンデレーエフが，3つの，当時発見されていなかった元素について記述してから15年のうちに，3つのすべてが発見され，また彼の記述は驚くほど正確に事実と一致することが認められた．これから後は周期表の正しさや有用性を誰も疑うことはできなかった．

新しい元素の群

　メンデレーエフの体系は，そのための場所が周期表の中に見いだされるか否かに関係なく，さらに続く新元素の発見という事態に対処しなければならなかった．

　たとえば，すでに1794年にフィンランドの化学者ガドリン（1760-1852）は，スウェーデンのストックホルムの近くのイッテルビー石切場から得られた鉱物から，新しい金属酸化物（または土類）を発見した．この新しい土類は，シリカ，石灰，マグネシアなどの他の土類に比べてはるかに珍しかったので，希土類とよばれた．ガドリンは，石切場の名にちなんで，その酸化物をイットリアと命名した．50年後に元素イットリウムがここから得られた．19世紀中葉に希土類鉱物は分析され，希土類元素とよばれる，全く新しい元素群を含んでいることが発見された．たとえば，スウェーデンの化学者ムーサンデル（1797-1858）は，1830年代の終わりから1840年代の初めにかけて，少なくとも4つの希土類元素を発見した．これらはランタン，エルビウム，テルビウム，ジジムであった．実際には，5つの元素が含まれていたのであり，45年後の1885年に

は，オーストリアの化学者ウェルスバッハ（1858-1929）は，ジジムは彼がプラセオジムとネオジムと命名した2つの元素の混合物であることを発見した．ボアボドランは1879年にはサマリウム，1886年にはジスプロシウムと，2つの元素を発見した．クレーヴェもまた1879年にホルミウムとツリウムの2元素を発見した．1907年に，フランスの化学者ユルバン（1872-1938）が希土類元素ルテチウムを発見した時までに，合計14の希土類元素が発見されていた．

希土類は極めてよく似た化学的性質をもち，すべてが原子価3であった．これから考えると，希土類はすべて周期表の単一の行の中に収まるべきものと予想された．しかしそのような配列は不可能であった．14の元素を含むほどに長い行はなかった．その上，14の希土類元素は，極めて狭い幅で変わる一連の原子量をもっていた．原子量の立場から言えば，これらの元素はすべて同一の横列に，別の言葉でいえば，一つの周期の中に配列されるべきものであった．

第4および第5周期は，第2および第3周期よりも長いのであるが，全くこれと同様に第6周期が第4および第5周期よりも長いと仮定して，第6周期にこれらの元素の入るべき場所が作られた．しかしながら，希土類元素における性質の類似性は1920年にいたるまで説明されないままであった（302頁参照）．この時までその説明が不能であったことは，周期表の上に一つの暗影を投げるもので

あった．

　メンデレーエフの時代にはその存在が全く考えられてもいなかった，もう一つのグループの元素の場合には，このような困難はなかった．それらの元素は周期表にみごとに適合した．

　これらの元素についての知識は，イギリスの物理学者レイリー卿（1842-1919）の仕事に始まった．彼は1880年代に，細心の注意をはらいながら，酸素，水素および窒素の原子量を測定していた．窒素の場合，その原子量は，何から窒素を得たかによって変わることを彼は発見した．空気から得た窒素は，地中の化合物から得た窒素よりもわずかに大きい原子量をもつように思われた．

　スコットランドの化学者ラムゼー（1852-1916）は，この問題に興味をもち始め，そして，キャベンディッシュ（72頁参照）が，長い間忘れられていた実験で，空気から得た窒素を酸素と化合させようと試みたことを思い出した．キャベンディッシュは，どのような条件下でも，酸素と化合させることのできないような気体の泡が，最後に残ることを見いだしたのであった．この最後の気泡は窒素ではあり得なかった．空気から通常の方法で得られた窒素は，窒素よりもわずかに重い他の気体を不純物として含んでいたのであろうか？　そしてまた，この気体が空気から得られる窒素を，本来あるべきものよりも少し重く見せかけたのではなかろうか？

　1894年に，ラムゼーはキャベンディッシュの実験を繰

り返し，しかもキャベンディッシュが当時用いることのできなかった分析機器を利用した．ラムゼーは反応しなかった最後の気泡を加熱し，そのスペクトルの輝線を研究した．その中の最強の線はすでに知られている元素のどれにも一致しないような位置に現われた．即ち，最後に残る気泡は，窒素よりも重く，大気の体積の約1%を占める新しい気体であることがわかった．この気体は化学的に不活性で，他のいかなる元素とも反応させることができないので，「不活性」を意味するギリシア語からとって，**アルゴン**と命名された．

アルゴンの原子量は40にわずかたりない値であることがわかった．この事実はアルゴンが周期表の中で，次のような元素，即ち，イオウ（原子量32），塩素（原子量35.5），カリウム（原子量39），カルシウム（原子量40余）などの位置するあたりに組み入れられるべきものであることを意味する．

もしアルゴンの原子量だけが考慮されるべきものであるとするならば，この新元素はカリウムとカルシウムの間に入るべきである．しかし，メンデレーエフはすでに，原子価は原子量より重要であるという原則を確立していた（169頁参照）．アルゴンはどの元素とも化合しないのであるから，その原子価は0というべきである．これはどのように解決されたか？

イオウの原子価は2，塩素のそれは1，カリウムは1，カルシウムは2である．周期表のこの部分での原子価の

動きは 2—1—1—2 である．原子価 0 は二つの 1 価の間にうまくはさまって，2—1—0—1—2 となる．そこでアルゴンは塩素とカリウムの間に置かれた．

しかし，もし周期表が一般的な指針として認められるべきものであるならば，アルゴンが単独で存在することはできなかった．アルゴンはそれぞれ 0 の原子価をもつ**不活性ガス**の一族の一員であるべきであった．このような族は，それぞれ原子価が 1 であるハロゲン族（塩素，臭素など）の行と，アルカリ金属（ナトリウム，カリウムなど）の行との間にきちんとおさまるにちがいない．

ラムゼーは探し始めた．1895 年に，彼はアメリカでウラン鉱物から，一種の気体（窒素と考えられていた）の試料が得られていたということを知った．彼はその実験を繰り返し，この気体を分光学的に調べたところ，窒素にもアルゴンにも属していないスペクトル線を示すことを発見した．何とも驚くべきことには，それらの線は 1868 年の日蝕の時に，フランスの天文学者ジャンサン（1824-1907）によって，太陽スペクトル中に観測されたものであった．その時，イギリスの天文学者ロッキャー（1836-1920）は，これらの線は新元素によるものであると考え，その元素をギリシア語の太陽にちなんで**ヘリウム**と命名した．

だいたいにおいて，当時化学者はスペクトル線のような頼りない証拠に基づいて，太陽の中で発見された新元素に対してあまり注意をはらわなかったのである．しかし，ラムゼーの仕事は，同一の元素が地球上にも存在することを

180　　　　　　　　　　　　　第8章　周期表

型→	R_2O RH	RO RH_2	R_2O_3	RO_2	R_2O_5	RO_3	R_2O_7
族→	I A	II A	III B	IV B	V B	VI B	VII B
周期1	1 H 水素 1.0080						
〃 2	3 Li リチウム 6.940	4 Be ベリリウム 9.013					
〃 3	11 Na ナトリウム 22.991	12 Mg マグネシウム 24.32					
〃 4	19 K カリウム 39.100	20 Ca カルシウム 40.08	21 Sc スカンジウム 45.10	22 Ti チタン 47.90	23 V バナジウム 50.95	24 Cr クロム 52.01	25 Mn マンガン 54.94
〃 5	37 Rb ルビジウム 85.48	38 Sr ストロンチウム 87.63	39 Y イットリウム 88.92	40 Zr ジルコニウム 91.22	41 Nb ニオブ 92.91	42 Mo モリブデン 95.95	43 Tc テクネチウム (99.)
〃 6	55 Cs セシウム 132.91	56 Ba バリウム 137.36	57～71 *	72 Hf ハフニウム 178.58	73 Ta タンタル 180.95	74 W タングステン 183.86	75 Re レニウム 186.22
〃 7	87 Fr フランシウム (223.)	88 Ra ラジウム 226.05	89～103 **				

軽金属（周期1～3の左側）　　重金属

希土類元素

*ランタン系列

| 57 La
ランタン
138.92 | 58 Ce
セリウム
140.13 | 59 Pr
プラセオジム
140.92 | 60 Nd
ネオジム
144.27 | 61 Pm
プロメチウム
(145.) | 62 Sm
サマリウム
150.3 |

**アクチニウム系列

| 89 Ac
アクチニウム
227.0 | 90 Th
トリウム
232.15 | 91 Pa
プロトアクチニウム
231. | 92 U
ウラン
238.07 | 93 Np
ネプツニウム
(237) | 94 Pu
プルトニウム
(242) |

18図　現代の周期表は元素を原子番号（原子核中の陽子の数）によって配列し，メンデレーエフの時代以後に発見された元素および第二次大戦以後人工的につくられた元素をも含めている．
〔訳注　希土類元素のランタン系列の現在の名称はランタノイド，アクチニウム系列はアクチノイドである．〕

新しい元素の群

RO₄	R₂O	RO	R₂O₃	RO₂ H₄R	R₂O₅ H₃R	RO₃ H₂R	R₂O₇ HR	
ⅧB	ⅠB	ⅡB	ⅢA	ⅣA	ⅤA	ⅥA	ⅦA	ⅧA
								不活性ガス
				非金属				2 He ヘリウム 4.003
			5 B ホウ素 10.82	6 C 炭素 12.011	7 N 窒素 14.008	8 O 酸素 16.000	9 F フッ素 19.000	10 Ne ネオン 20.183
			13 Al アルミニウム 26.98	14 Si ケイ素 28.09	15 P リン 30.975	16 S イオウ 32.066	17 Cl 塩素 35.457	18 A アルゴン 39.944
Co 28 Ni ニッケル 58.71	29 Cu 銅 63.54	30 Zn 亜鉛 65.38	31 Ga ガリウム 69.72	32 Ge ゲルマニウム 72.60	33 As ヒ素 74.91	34 Se セレン 78.96	35 Br 臭素 79.916	36 Kr クリプトン 83.80
Rh 46 Pd パラジウム 106.7	47 Ag 銀 107.880	48 Cd カドミウム 112.41	49 In インジウム 114.76	50 Sn スズ 118.70	51 Sb アンチモン 121.76	52 Te テルル 127.61	53 I ヨウ素 126.91	54 Xe キセノン 131.3
Ir 78 Pt 白金 195.23	79 Au 金 197.0	80 Hg 水銀 200.61	81 Tl タリウム 204.39	82 Pb 鉛 207.21	83 Bi ビスマス 209.00	84 Po ポロニウム 210.	85 At アスタチン (211.)	86 Rn ラドン 222.

Eu	64 Gd ガドリニウム 156.9	65 Tb テルビウム 158.93	66 Dy ジスプロシウム 162.51	67 Ho ホルミウム 164.94	68 Er エルビウム 167.27	69 Tm ツリウム 168.94	70 Yb イッテルビウム 173.04	71 Lu ルテチウム 174.99
ロピウム 52.0								
Am リシウム (243)	96 Cm キュリウム (245)	97 Bk バークリウム (249)	98 Cf カリホルニウム (249)	99 E アインスタイニウム (254)	100 Fm フェルミウム (252)	101 Mv メンデレビウム (256)	102 No ノーベリウム (253)	103 Lw ローレンシウム ――

明らかにし,また彼はロッキャーの命名をそのままに残した.ヘリウムは不活性ガスの中では最も軽く,また水素についで低い原子量をもつ元素である.

1898年に,ラムゼーは液体空気を注意深く蒸留して,初めに出てくると予想された不活性ガスの試料を得ようと試みた.彼は3種を発見し,それらにそれぞれネオン(「新しい」),クリプトン(「隠れた」),キセノン(「見知らぬ」)の名を与えた.

不活性ガスは,初めは単なる風変わりなもの,象牙の塔にこもる化学者の興味の対象にすぎないと考えられていた.ところが1910年に始まる研究で,フランスの化学者クロード(1870-1960)は,ネオンのような気体を通って流される電流は,やわらかな,色のついた光を生ずることを発見した.

そのような気体をつめた管を細工すれば,多彩色のアルファベットの文字や言葉や図案をつくることができる.ニューヨーク市のブロードウェーのにぎやかな劇場地区や,その他の繁華街の白熱灯の照灯は,1940年までにすべて**ネオン灯**に取り替えられた.

第9章　物理化学

熱

　17, 18両世紀においては，化学の世界と物理学の世界の間には，はっきりと境界が引かれているようにみえた．化学は分子構造の変化を伴うような変化の学問であったし，物理学はそのような変化を伴わない変化の学問であった．

　19世紀の初頭，デイヴィー（114頁参照）が無機化合物の分子構造を変化させ，ベルトロー（123頁参照）が有機化合物の分子構造を変化させている時に，物理学者は熱の流れを研究していた．熱の流れの学問は（ギリシア語の「熱運動」からとって）**熱力学**とよばれる．

　この分野ですぐれた業績を残した人は，イギリスの物理学者ジュール（1818-89），ドイツの物理学者マイヤー（1814-78）およびヘルムホルツ（1821-94）であった．1840年代までに彼らの仕事によって，熱または他の形のエネルギーによって行なわれる諸変化において，エネルギーはつくられもせず，失われもしないことが明らかとなった．この原理は**エネルギー保存則**，または**熱力学の第一法**

則とよばれる.

フランスの物理学者カルノー (1796-1832), イギリスの物理学者トムソン, 後にケルヴィン卿 (1824-1907) およびドイツの物理学者クラウジウス (1822-88) の仕事はさらに進んだものであった. 熱は, 放置されれば, 高温の点から低温の点へ自発的に流れるということ, またこのような温度差のあるところを熱が流れた場合にかぎり, 熱から仕事を得ることができることが明らかになった. この結論は, 強度の高い点から低い点へ流れる, どのような形のエネルギーに対しても一般的に成立した.

クラウジウスは 1850 年に, ある孤立系の熱含量と, その系の絶対温度の比に対して**エントロピー**という言葉を与えた. 彼はすべての自発的なエネルギー変化において, その系のエントロピーは増加することを示した. この原理は**熱力学の第二法則**とよばれる.

しかし物理学におけるこのような進歩は, 化学と無関係のままではあり得なかった. 結局のところ, 太陽を別にしては, 19 世紀の主要な熱源は木, 石炭, 油などを燃焼させる化学反応に依存していた.

他の化学反応, たとえば塩基による酸の中和反応なども熱を発生した (93 頁参照). 実際すべての化学反応は, 外界への熱 (時には光) の放射か, 外界からの熱 (時には光) の吸収か, 何らかの形の熱の移動を伴って起こった.

物理学の世界と化学の世界とが出会い, そして両者がスイス系ロシア人の化学者ヘス (1802-50) の研究の中で一

つのものに融合し始めたのは 1840 年のことであった．彼はいくつかの物質の定まった量の間で起こる化学反応に伴う熱の実際の量を正確に測定した結果を発表した．彼は一つの物質から他の物質に変化する際に発生する（または吸収される）熱量は，どのような経路で化学変化が起こったか，またそれが何段階で起こったかに関係なく，一定であることを証明することに成功した．この一般法則（**ヘスの法則**）によって，ヘスはしばしば**熱化学**の建設者であると考えられている．

ヘスの法則から考えると，エネルギー保存則は物理変化だけではなく，化学変化にも適用できることはほぼ確実となった．実際，さらに一般的に，熱力学の諸法則は物理学のみならず化学にも成立しそうであった．

実験と理論の両面からこの線をおしていくと，物理変化と同様に，化学変化にもエントロピーが増加するような，固有の自発的に起こる方向があると考えられた．しかしながら，エントロピーは直接測定するのが困難な量であり，化学者は反応の「推進力」の標準となるような，他のもっと簡単な基準を求めた．

1860 年代に，有機合成の分野で**重要な貢献をした**ベルトロー（123 頁参照）は，熱化学に転向した．彼は既知の温度の水に囲まれた密閉された室の中で化学反応を行なう方法を工夫した．反応の終点での周りの水の温度の上昇から，反応中に発生した熱が測定された．

そのような**熱量計**を用いて，ベルトローは何百ものさ

まざまな化学反応によって生ずる熱量を注意深く測定した．これとは独立に，デンマークの化学者トムセン (1826-1909) は同様な実験を行なった．

ベルトローは，熱を発生するような反応は自発的に起こるのに対して，熱を吸収するような反応は自発的には起こらないと考えた．熱を発生するようなすべての反応は，逆反応を行なわせようとすれば，熱を吸収しなければならないので（ラヴォアジエとラプラスはこのような見解を持った最初の人である）(84頁参照)，どの化学反応もただ一つの方向に自発的に進み，その際に熱を発生すると考えられた．

たとえば，水素と酸素が化合して水を生じるとき，大量の熱が発生する．この反応は自発的に起こり，ひとたび反応が起こるとすみやかに終点に向かい，時として爆発が起こるほど激しい．水が水素と酸素に分解する逆反応は，エネルギーの供給を必要とする．そのエネルギーは熱エネルギーでもよいが，電気エネルギーならばなおよい．しかしこのような水の分子の開裂は自発的な反応ではない．エネルギーが供給されるまでは反応は全く起こらないし，またエネルギーの供給が妨害された瞬間に，反応は停止するものと考えられる．

ところがベルトローの一般化は一見妥当のように見えるが，欠点がある．第一に，自発的に起こるすべての反応が熱を生じるわけではない．ある反応は熱を吸収するので，反応の進行に応じて周囲の温度は実際に降下する．

第二に**可逆反応**がある．そのような反応では物質 A と B は自発的に反応して物質 C と D に変わる一方，物質 C と D も同様に自発的に反応して A と B にもどる．そしてこの二つの反応は，もし一方の反応で熱が発生するならば，その逆反応では熱の吸収が起こらなければならないという事実にもかかわらず，同時に起こる．簡単な例はヨウ化水素が分解して水素とヨウ素になる反応である．この水素とヨウ素の混合物は再結合してヨウ化水素になり得る．これを式で表わせば，

$$2\mathrm{HI} \rightleftarrows \mathrm{H}_2 + \mathrm{I}_2$$

となる．二重矢印は可逆反応を表わす．

　可逆反応はベルトローの時代にも既に知られていて，1850年に初めてウィリアムソンによって，エーテルに関する彼の結論を導いた仕事の中で，注意深く研究された（137頁参照）．彼は A と B との混合物から出発して C と D とが生じる場合を見いだした．しかしまた，もし C と D の混合物から出発すると A と B が得られた．どちらの場合でも，明らかに一定の割合の A, B, C, D の混合物が最後に得られた．この混合物はいわば**平衡**の状態にあった．

　しかし，ウィリアムソンは混合物の組成が見かけ上一定であるからといって，何の反応も起こっていないとは考えなかった．彼は A と B は反応して C と D になる一方，C と D は反応して A と B になると考えた．二つの反応は絶えず進行しているのではあるが，互いの効果を打

ち消しあっているので，何事も起こっていないような印象を与えるのである．この状態は**動的平衡**である．

ウィリアムソンの仕事は**化学反応速度論**——化学反応の速度の研究の出発点となった．ウィリアムソンの仕事から，単なる熱の発生以上の何ものかが，化学反応の自発性を規定していることは明らかになった．その「他の何物か」は，ベルトローとトムセンが熱量計で数多くの測定をしている間に，既に研究され始めていた．しかし残念なことに，その研究はあまりよく知られていない国語で書かれていたために長く埋もれていた．

化学熱力学

1863年にノルウェーの化学者グルベルグ（1836-1902）とヴォーゲ（1833-1900）の二人は，自発的に起こる反応の方向についての研究のパンフレットを発表した．彼らは半世紀も前にベルトレによって出された，反応のとる方向はその反応にあずかる個々の物質の質量によって決まるという考えにもどった（87頁参照）．

グルベルグとヴォーゲは質量だけが答えのすべてではないと考えた．問題となるのはむしろ，ある一定体積の反応混合物の中に集められている，ある特別の物質の質量，別の言葉でいえば，その物質の**濃度**であった．

いま，AとBは反応してCとDを生じ得る一方，CとDも反応してAとBを生じ得るとしよう．この二重の反応は次のように表わされる．

$$A + B \rightleftarrows C + D$$

　この関係はウィリアムソンの可逆反応の一例であって、その反応は A, B, C, D のすべてが系の中に存在する条件の下で平衡に達する．平衡に達する点は，A と B が反応する速度（速度 1）と C と D との反応する速度（速度 2）の比較によって決まる．

　もし速度 1 が速度 2 よりもはるかに大きい場合には，A と B はすみやかに反応して多量の C と D とを生ずるのに対して，C と D との反応は遅く，少量の A と B を生じるのにすぎない．ほどなく，大部分の A と B は C と D に変化し，逆方向にもどるものはわずかとなる．そこで，反応が平衡に達した時は，混合物中には C と D が圧倒的に多く存在する．上の反応式についてみれば，平衡点は「はるか右寄り」にあると言ってよかろう．

　速度 2 が速度 1 よりもはるかに大きい場合には，この逆が成立する．この場合は，C と D が反応して A と B を生じる反応は，A と B から C と D を生ずる反応よりはるかにすみやかである．そこで，平衡点では A と B が混合物の大部分を占め，平衡点は「はるか左寄り」にある．

　速度 1 は，A の分子が B の分子とどのくらいしばしば出会って衝突するかによって決まる．そのような衝突によって反応は初めて起こるが，衝突があっても必ずしも反応が起こるとは限らない．同様に，速度 2 も C の分子が D の分子とどのくらいしばしば衝突するかによって決まる．

　さて，余分の A または B（またはその両方）が，系の

体積を変えることなく，系に加えられたとしよう．AまたはB（またはその両方）の濃度は増大し，これらの間の衝突の可能性は高まる（ちょうど，高速道路が通勤時で混んでいる時のほうが，比較的すいている日中よりも自動車の衝突の可能性が多いように）．

AまたはB（またはその両方）の濃度を増加させれば，速度1が増加する．その濃度を減少させれば速度も減少しよう．同様にCまたはDまたはその両方の濃度の増加は速度2を大きくする．速度1または速度2を変えることによって平衡混合物の組成を変えることができる．したがって，もし反応に関与しているある成分の濃度を変えるならば，平衡点の位置が変えられる．

平衡の場合のA, B, C, Dの濃度は，これらの成分の中の一つまたはそれ以上が混合物に加えられるか，またはそこから取り出されたりすることによって変動するけれども，グルベルグとヴォーゲは，それらの濃度は一つの不変の要素に支配されることを発見した．二重矢印の一方の側の物質の濃度の積と，他方の側の物質の濃度の積の比は，平衡においては，一定である．

ある成分の濃度を，その成分の記号をカッコで囲んで表わすことにする．そうすれば，これまで議論してきた反応に関して平衡の場合には，次の式が成り立つ．

$$\frac{[C][D]}{[A][B]} = K$$

記号Kは**平衡定数**を表わし，これは一定の温度の下で

は，与えられた任意の可逆反応については固有のものである．

グルベルグとヴォーゲの**質量作用の法則**は，ベルトローの誤った提案に比べると，はるかにすぐれた，可逆反応を理解するための指針として適切なものであった．残念なことに，グルベルグとヴォーゲはこの仕事をノルウェー語で発表したので，これがドイツ語に翻訳された1879年まで注目されなかった．

この間に，アメリカの物理学者ギブズ（1839-1903）は体系的に熱力学の諸法則を化学反応にあてはめていた．彼は1876年と1878年の間に，この問題に関する長い論文をいくつか発表した．

ギブズは，熱含量とエントロピーとをそれ自身の内に一定に含んでいる量として，**自由エネルギー**の概念を導入した．化学反応が起こると，その系の自由エネルギーも変化した．自由エネルギーが減少すると，エントロピーはつねに増加し，反応は自発的に起こった．（自由エネルギーの価値は，その変化の測定がエントロピー変化の測定より容易である点にある．）熱含量の変化は，自由エネルギーがどれだけ減少し，エントロピーがどれだけ増加したか，その正確な量によって決まる．一般的に，自発的に起こる反応では熱含量も減少するので熱が放出される．しかし自由エネルギーとエントロピー変化の如何によっては，熱含量が増加する場合もあるので，反応は自発的であるにもかかわらず，エネルギーが吸収される場合もあり得る．

ギブズはまた，系の自由エネルギーは系をつくっている化合物の濃度の変化に応じて若干変化することを示した．いま，$A+B$ の自由エネルギーと $C+D$ のそれとには大差はないと仮定しよう．この場合は，濃度の変化によって生じた小さい変化によって，$A+B$ の自由エネルギーが $C+D$ の自由エネルギーよりも，ある濃度では高く，他の濃度では低くなることが充分に起こり得よう．したがって，反応はある濃度の組み合わせでは，一つの方向に自発的に起こり，他の濃度の組み合わせでは逆の方向に（同様に自発的に）起こりうるのである．

ある物質の濃度変化に対する自由エネルギーの変化率は，その物質の**化学ポテンシャル**であるが，ギブズは化学反応の背後において「推進力」として働くのは，この化学ポテンシャルに他ならぬことを示した．ちょうど熱が高温の点から低温の点に自発的に移動するように，化学反応は化学ポテンシャルの高い点から低い点に自発的に移行するのである．

このようにしてギブズは，平衡においては，そこに関与するすべての物質の化学ポテンシャルの総和は最少であることを示すことによって，質量作用の法則に意味を与えた．反応が $A+B$ から始まると，$C+D$ が生ずるにつれてその反応は化学ポテンシャルの「丘」を下る．もし $C+D$ から出発するならば，$A+B$ が生成されるに伴って下方に動く．そして，平衡においては反応は二つの「丘」の間の「エネルギーの谷」底に達する．

ギブズは熱力学の原理を,ある特定の化学系の中に含まれる異なる相(液体,固体,気体)の間の平衡にも応用した.たとえば,水と水蒸気(1成分,2相)はさまざまの温度と圧力下に共存できるが,温度を決めれば圧力もまた決まる.水,水蒸気および氷(1成分,3相)はある特定の温度と圧力の下でのみ共存できる.

ギブズは,温度,圧力および各種の成分の濃度が各成分と各相のあらゆる組み合わせの下においてどのように変わるか,を予言することを可能にする簡単な式,即ち**相律**を考え出した.

このようにして**化学熱力学**は,詳細に,そして完全に基礎づけられたので,ギブズ以後の人たちにはほとんどなすべきことが残されなかった[*].しかし,ギブズの仕事の本質的な重要性と,目ざましいばかりの美しさにもかかわらず,それはヨーロッパでは直ちに認められなかった.それはこの仕事がその分野におけるヨーロッパの指導者たちに無視されていた,アメリカの雑誌に発表されたためであった.

---

[*] ギブズ以後の重要な業績の一例としては,アメリカの化学者ルイス (1875-1946) によってなされたものがある.1923年に書かれ,今は古典となっている熱力学の本の中で,彼は**活量**の概念を導入した.ある物質の活量は,その物質の濃度と同じものではないが,それと関係深い量である.濃度の代わりに活量を用いると,化学熱力学の諸式はさらに広い範囲にわたって,いっそう正確なものとなる.

触　媒

19世紀の最後の25年間を通して，ドイツは化学反応を伴う物理変化の研究の分野で，世界をリードし続けていた．**物理化学**の分野における卓越した研究者は，ロシア系ドイツ人のオストワルト（1853-1932）であった．物理化学がそれ自身で一つの学問として認められるようになったのは，他の誰にもましてオストワルトの力によるものであった．1887年までに，彼は最初の物理化学教科書を書き，最初の物理化学専門雑誌を創刊した．

まことにもっともなことというべきであるが，オストワルトはギブズの仕事を発見し，正しく評価した最初のヨーロッパ人の一人であった．彼は1892年にギブズの化学熱力学に関する論文をドイツ語に翻訳した．オストワルトはギブズの理論をただちに**触媒**の現象に適用してみた．

触媒作用（1835年にベルセーリウスによって提案された言葉）は，ある特定の化学反応の速度が，それ自身は反応に関与するとは思われない物質を少量加えることによって，加速される，場合によっては極めて著しく加速される過程である．たとえば，1816年にデイヴィー（ナトリウムとカリウムを単離した人）が発見したように，白金の粉末は水素の，酸素および多くの有機化合物への付加反応の触媒となる．1812年にロシアのキルヒホッフが初めて示したように（123頁参照），酸は多くの有機化合物の，より簡単な単位への分解の触媒となる．反応の終点において，白金または酸は最初に存在した量のままに残っている．

オストワルトは1894年に，彼が監修する雑誌に掲載するために，食物の燃焼熱に関するある人の論文の梗概を書いていた．彼はこの論文の著者の考えに強く反対し，彼の反対意見を理由づけるために，触媒についての議論を試みた．

　彼は，ギブズの理論によれば触媒は関係する物質の間のエネルギー関係を変えることなく，反応を加速しなくてはならないことを指摘した．彼は，触媒は反応物質と反応して中間体をつくり，これが最終生成物に分解するものと考えた．中間体が分解すると触媒がそれから離れ，その元の形にもどった．

　触媒と結合したこの中間体の存在がなければ，反応は極めて遅くしか進まず，場合によってはほとんど認められないほどであった．このように触媒の効果は，それ自身は消費されないで，反応を加速することであった．その上，触媒分子は繰り返し用いられるので，少量の触媒でも，大量の物質の反応を加速するのに充分であった．

　触媒についてのこの見解は，今日でも正しいとされている．それは，生体組織内での化学反応を制御しているタンパク質の触媒（**酵素**）作用の説明にも役立っている*）．

---

　*）　**生化学**（即ち，ふつうは酵素によって制御されている，生体組織内で起こる化学反応）の分野での知識の増加については，この本ではほんのわずか触れるにすぎない．この問題はアシモフ著『生物の歴史』（邦訳『生物学小史』太田次郎訳，共立出版）の中でいっそう詳しく論じられている．

オストワルトは，科学者は直接測定可能なものだけを信ずるべきであり，間接的な証拠だけに基づいて「模型」を作り上げるべきではないと信じていた，オーストリアの物理学者・哲学者マッハ (1838-1916) の考え方に従っていたので，存在の直接証拠のない原子の実在性を受け入れなかった．彼は原子論（もちろん，その有用性は否定しなかったけれども）に逆らった最後の重要な科学者であった．ところが，ブラウン運動の本質がここで問題になってきた．水に浮かんでいる小さい粒子が，すみやかな，しかし不規則な運動をするというこの現象は，スコットランドの植物学者ブラウン (1773-1858) によって初めて (1827 年に) 観察された．

　ドイツ系スイス人の物理学者，アインシュタイン (1879-1955) は 1905 年に，この運動は水の分子が小粒子に衝突するために起こることを論証した．ある任意の瞬間に，ある方向から衝突する分子の数は他の方向からの分子の数より多いかもしれない．このため粒子はあそこ，ここと押されて動くであろう．アインシュタインは，そのように動く粒子の性質のあるものを測定すれば，水の分子の実際の大きさを計算できるような式を導き出した．

　フランスの物理学者ペラン (1870-1942) は 1908 年に必要な測定を行ない，初めて分子の，したがって原子の直径のしっかりした評価を行なった．ブラウン運動は個々の分子の効果の合理的な直接の観測と考えられたので，さすがのオストワルトも原子論に対する反対意見を捨てなけれ

ばならなかった*).

1890年代には，ギブズの価値を認めたのはオストワルト一人ではなかった．オランダの物理化学者ローゼボーム (1854-1907) はギブズの相律を世界に広めたが，そのやり方は全く効果的だった．

さらにギブズの仕事は1899年にル・シャトリエ (1850-1936) によってフランス語に翻訳された．物理化学者ル・シャトリエは，いまなおル・シャトリエの原理とよばれている法則を初めて発表した人として最もよく知られている．この法則は次のように表わされる．平衡を定めるいくつかの要素の一つに変化が起こると，つねにこの変化を最小にするような方向に系の変化が起こる．

別の言葉でいえば，もし平衡にある系の圧力を増すならば，その系はなるべく小さい空間を占めるように変化して圧力を下げようとする．もし温度が上がるならば，その系には熱を吸収して温度を下げようとする変化が起こる．ギブズの化学熱力学は，ル・シャトリエの原理をうまく説明

---

*) （直径約1オングストローム，または 1/10,000,000 cm の）原子やこれよりもさらに小さい粒子の存在を支持する証拠は，ペランの時代からこのかた，おびただしい量が集まりつつある．その一部は，この本の終わりの3章に詳しく紹介される．デモクリトス (24頁参照) から始まったこの物語の頂点として，ドイツ系アメリカ人の物理学者ミュラー (1911-77) は**電界放射型顕微鏡**を発明した．それによって1950年代半ばにとられた電子顕微鏡写真は，すでに古典的なものになってしまったが，それは金属針の先端に存在する個々の原子の配列を実際に見せてくれるのである．

できることもわかった.

ギブズの理論はヨーロッパ人に知られるのが遅かったけれども, そのため物理化学が本来なされるべき進歩が妨げられたわけではない. ギブズの発見の多くは1880年代に, すでに炭素原子の正四面体構造 (149頁参照) によって, 化学に貢献したファント・ホッフによって独立に研究されていた.

ファント・ホッフは物理化学の分野の中で, オストワルトにつぐ重要な研究者であった. 彼は特に溶液の問題に取り組んだ. 1886年までに, 彼は液体の中を自由に動いている溶質分子は, ある点で, 気体のふるまいを定める法則に似た法則に従ってふるまうことを示すことができた.

物理化学の新しい研究は, 化学反応を熱と結びつけただけではなく, 広くエネルギーと結びつけたのであった. たとえば, 化学反応によって電気が生じ, また逆に電気は化学反応を起こすことができた.

ドイツの物理学者ネルンスト (1864-1941) は電池の中で進む化学反応に熱力学の原理を応用した. 1889年に, 彼は生じた電流の特性がどのようにして, 電流を生じる化学反応の自由エネルギー変化の計算に用いられるかを示した.

光もまた化学反応によって生じるエネルギーの一形態であり, また19世紀以前から知られていたように, 光は逆に化学反応を起こすことができた. 特に, 光はある種の銀化合物を分解して金属銀の黒い粒子を遊離することができ

た．このような，光によってひき起こされる反応の研究を**光化学**という．

1830年代には，銀に対する光の作用は，太陽によって絵を描く技術にまで発達していた．レンズに像を結ばせることによって，ガラス板（後にはしなやかなフィルム）上の銀化合物の層を，太陽の光をうけた風景にしばらく露出させる．その風景のそれぞれの点からどのくらいの光が反射されるかに応じて，銀化合物のさまざまの場所は異なった量の光にさらされる．光に短時間露出することによって銀化合物が銀に分解する性質が強められる．光が明るければ明るいほど，その傾向はより著しく強められる．

銀化合物はこの露光のあと，銀への分解を起こすような薬品で処理される．明るい光に露出された部分は分解がすみやかに起こる．もし「現像」が適当な点で中止されるならば，ガラス板は，もとの風景の模様と反対の，暗い部分（銀の粒子）と明るい部分（未変化の銀化合物）の模様に覆われる．

ここでは述べないが，さらに光学的な，また化学的な操作を重ねて，その風景の真に迫った絵が得られる．この過程は**写真**（英語では「光で書くこと」）とよばれる．フランスの物理学者ニエプス（1765-1833），フランスの美術家ダゲール（1789-1851），イギリスの発明家タルボット（1800-77）を含む多くの人がこの新しい技術に貢献した．

特に興味深いのは，光がほとんど触媒のようにふるまう場合である．水素と塩素の混合物は光をさえぎれば全く反

応を起こさないのに,少量の光によってその混合物は爆発的な反応をひき起こす.

この目立った反応性の差は,結局 1918 年にネルンストによって説明された.少量の光があれば,塩素分子は2つの塩素原子に切れる.1つの塩素原子(塩素分子よりもはるかに反応性に富む)は,水素分子から水素原子1つを奪って塩化水素分子をつくる.残った遊離の水素原子は,塩素分子から塩素原子1つを奪う.残った塩素原子は水素分子から水素原子を1つ奪う,というように反応は進む.このようにして,初めの少量の光が光化学的**連鎖反応**をひき起こし,爆発的速度で塩化水素分子が形成されるのである.

イオン解離

オストワルトとファント・ホッフに続く初期の物理化学の巨匠は,スウェーデンの化学者アレニウス(1859-1927)であった.学生のころ彼は電解質溶液,即ち電流を伝えることのできる溶液に興味をひかれた.

ファラデーは既に,電気分解の法則を完成していた.そしてこの法則から考えると,電気も物質と同じように,小さな粒子として存在しているように思われた(117 頁参照).ファラデーは溶液の中で電気を運ぶと考えられる,イオンについて論じていた.しかしその後半世紀もの間,彼自身を含めて誰もこのイオンの本質について,真剣に研究を試みようとはしなかった.しかしながら,価値ある仕

事が全くなされなかったわけではなかった．1853年にドイツの物理学者ヒットルフ (1824-1914) は，あるイオンは他のイオンよりも速く動くことを指摘した．この観察から**輸率**，即ちある特定のイオンが電流を運ぶ速度の概念が生まれた．しかしこの速度が計算されたとしても，イオンの本質は依然として疑問のまま残されていた．

アレニウスはこの問題への手がかりを，フランスの化学者ラウール (1830-1901) の仕事の中に見いだした．ファント・ホッフと同様に，ラウールも溶液を研究した．彼の研究は1887年に今日**ラウールの法則**として知られる法則を確立したときにその絶頂に達した．この法則によれば，溶液と平衡にある溶媒蒸気の分圧は，溶媒のモル分率に正比例する．

モル分率の定義をしなくても，この法則によって，溶けている物質（**溶質**）の粒子（原子でも，分子でも，また神秘的なイオンでもよい）の数と，溶質が溶けている液体（**溶媒**）の粒子数の比が求められる，と述べればこの法則の内容が理解できよう．

この仕事の中で，ラウールは溶液の氷点を測定した．溶液の氷点はつねに「降下」した．即ち純溶媒の氷点よりも低かった．ラウールは氷点の降下は，溶液中の溶質の粒子数に比例することを示した．

ここで問題が生じてきた．物質を，たとえば水に溶かすと，その物質は一つ一つの分子に分かれると仮定される．確かに砂糖のような非電解質の場合には，氷点降下はこの

仮定に一致する．ところが食塩（NaCl）のような電解質を溶かすと，氷点降下は予期したものの2倍の大きさがあった．存在する粒子数は食塩の分子数の2倍であった．塩化バリウム（$BaCl_2$）を溶かすと，粒子の数は分子の数の3倍であった．

塩化ナトリウムの分子は2つの原子から成り，塩化バリウムの分子は3つの原子から成る．アレニウスは，ある種の分子が水のような溶媒に溶けると，これらの分子は個々の原子に分解すると考えた．さらに，一度分解すると，これらの分子は電流を伝える（これに反して砂糖のような分子は分解もせず，電流を伝えることもない）．アレニウスは分子は通常の原子に分解（または「解離」）するのではなく，電荷を帯びた原子に分解すると提案した．

アレニウスは，ファラデーのイオンは正電荷または負電荷をもつ原子（または原子団）にすぎないことを述べた．イオンは「電気の原子」であるか，またはこれらの「電気の原子」を運んでいると考えられた（後者の説明が正しいことが後にわかった）．アレニウスは彼の**イオン解離説**（または**電離説**）によって，電気化学のいろいろの事実を説明した．

1884年に彼の学位論文としてまとめられたアレニウスの考え方は，激しい反対に出会い，彼の論文もあやうく拒否されるところであった．しかし，オストワルトはこの仕事に感銘し，アレニウスに地位を提供し，物理化学の研究を続けるよう励ました．

1889年にアレニウスは別のやはり収穫の多かった提案をした．彼は衝突に際して，ある最小のエネルギー，即ち**活性化エネルギー**を持っていない限り，分子は衝突しても必ずしも反応しないことを指摘した．活性化エネルギーが低ければ，反応はすみやかによどみなく進む．活性化エネルギーの高い場合は，反応は無視できるほどの速度でしか進まない場合もあり得る．

後者の場合，多くの分子が必要な活性化エネルギーを得ることができるように温度を上げてやると，反応は突然すみやかに進み，時には爆発が起こる．**発火温度**に達すると，酸素と水素の混合物が爆発するのはその一例である．

オストワルトはこの考え方を，彼の触媒理論を仕上げるのにたくみに用いた．彼は触媒と結合した中間体（195頁参照）の生成によって，最終生成物を直接生成するよりも少ない活性化エネルギーですむことを指摘した．

気体に関するその他の研究

19世紀後半の物理化学の発展の間に，気体の性質は，新しい，もっと精巧な吟味を受けることになった．3世紀前にボイルは，ある一定量の気体の圧力と体積は反比例する（後に示されたように温度一定の条件下では），というボイルの法則（55頁参照）を提案した．しかしながら，この法則は正確には正しくないことがわかった．19世紀半ばにフランスの化学者ルニョー（1810-78）は，気体の体積と圧力を正確に繰り返し測定し，特に圧力が高いか，温

度が低い場合には，気体は正確にボイルの法則に従わないことを示した．

ほぼ同じころ，スコットランドの物理学者マクスウェル（1831-79）とオーストリアの物理学者ボルツマン（1844-1906）は気体の行動を，でたらめに動いている厖大な数の粒子の集合として解析した（**気体分子運動論**）．この他にさらに二つの仮定，即ち，(1)気体分子の間には引力は働いていない，(2)気体分子の大きさは無視できる，を認めれば，彼らはボイルの法則を導くことができた．これらの仮定をみたす気体を**理想気体**という．

実際には，どちらの仮定も正確には成り立っていない．気体分子の間にはわずかながら引力があり，分子は極めて小さいけれどもその大きさはゼロではない．それゆえに，実在の気体で完全な「理想気体」であるものはない．ただし，水素と，後に発見されたヘリウム（179頁参照）はかなりそれに近い．

これらの事実を考慮して，オランダの物理化学者ファン・デル・ワールス（1837-1923）は1873年に気体の圧力，体積および温度の関係を表わす式を導いた．この式は（気体によって異なる）二つの定数aとbを含んでいるが，これは分子の大きさと分子間引力に対する補正項である．

気体の性質が次第にわかってくると，気体の液化の問題の解決にも役立った．

早くも1799年に，加圧下において冷却することによっ

てアンモニアガスが液化された(圧力を高めると気体の液化温度が高まり,液化がずっと容易となる).ファラデーはこの方面の研究に特に熱心で,1845年までに塩素や二酸化イオウを含む多くの気体の液化に成功した.液化した気体の圧力を低めると,蒸発がすみやかに始まる.ところが蒸発過程は熱を吸収するので,残った液体の温度は著しく降下する.液体二酸化炭素は,この条件の下で凍って固体二酸化炭素になる.固体二酸化炭素をエーテルと混ぜることによって,ファラデーは $-78°C$ の温度を得ることができた.

しかし全力をつくしても,彼は酸素,窒素,水素,一酸化炭素,メタンのような気体では失敗した.どんなに高圧をかけても,ファラデーはこれらの気体を液化できなかった.これらは「永久気体」と呼ばれるようになった.

1860年代に,アイルランドの化学者アンドルース(1813-85)は二酸化炭素について研究し,これを加圧のみによって液化した.温度を次第に上げながら,彼は二酸化炭素を液体のままで保つためにはどのくらい圧力を上げなければならないかを検討した.彼は $31°C$ ではどんなに圧力を加えても液体のままに保つことができないことを発見した.実際のところ,この温度では,気相と液相とがいわば一緒に溶け合っているかのようであり,互いに区別できないようになっていた.そこでアンドルースは(1869年に)それぞれの気体に**臨界温度**というものがあって,それより高い温度では圧力をどんなに加えてもそれだけでは液化が

起こらないと述べた．永久気体は，要するに，その臨界温度が，実験室で得られる温度よりもはるかに低い気体にすぎないことがわかった．

一方，ジュールとトムソンは熱の研究をしているうちに，気体を膨張させることによって冷却できることを発見した（184頁参照）．そこで，もし気体を膨張させ，それから，失った熱を取りもどすことができないような条件下でそれを圧縮し，また膨張させるというように操作を繰り返すならば，極めて低い温度が得られるにちがいない．そして一度その気体の臨界温度以下の温度に達すれば，加圧によってそれを液化しうるであろう．

この方法を用いて，フランスの物理学者カイユテ（1832-1913）とスイスの化学者ピクテ（1846-1929）は，1877年までに，酸素，窒素，一酸化炭素のような気体の液化に成功した．しかし水素に対しては彼らの努力もむなしかった．

ファン・デル・ワールスの研究によって，水素の場合は，ジュール-トムソン効果はある温度以下で初めて現われることがわかった．したがって，膨張と圧縮のサイクルを始める前に，水素の温度をそれ以下に下げる必要があった．

1890年代にスコットランドの化学者デューワ（1842-1923）はこの問題と取り組み始めた．彼は液体酸素を大量につくり，これを（彼自身の工夫による）デュワーびんに貯えた．これは二重壁の間が真空になった容器である．真空

は伝導や対流で熱を伝えない．というのも二つの現象は共に物質の存在を必要とするからである．熱は真空中を比較的遅い放射の過程だけによって伝えられる．放射された熱が吸収されずに反射されるように壁を銀メッキすることによって，デューワはこの過程をもさらに遅くした（家庭で用いる魔法びんは要するに，栓つきデューワーびんである）．

このようなびんに貯えられた液体酸素に浸すことによって，水素ガスは極めて低い温度にまで冷却されるが，その上でジュール-トムソン効果が応用された．その結果デューワは 1898 年に液体水素を得た．

水素は絶対零度[*]からわずか 20 度高い温度にすぎない 20 K で液化する．しかし，この温度はいままでに到達された一番低い液化点ではない．1890 年代に不活性気体が発見され，その一つのヘリウムはもっと低い温度で液化された．

オランダの物理学者カマリング・オンネス（1853-1926）は最後の障害を越えた．即ち 1908 年には，彼はヘリウムを液体水素で冷やした後，ジュール-トムソン効果を応用した．彼は 4 K で液体ヘリウムをつくった．

---

[*] 可能な最低の温度，即ち**絶対零度**の概念は，1848 年に初めてトムソン（ケルヴィン卿）によって提案された．この提案に敬意をはらって，絶対温度目盛（ケルヴィンの考え方に基づいて）は K で表わされる．1905 年にネルンストは絶対零度ではエントロピーもゼロであることを示した（**熱力学の第三法則**）．このことから，われわれは絶対零度にいくらでも近づきうるが，実際には決して到達できないことがわかる．

第 10 章　合成有機化学

染　料

　19世紀の前半にベルトローのような人（123頁参照）が有機分子の合成を始めたとき，彼らはそれまで受け入れられていた科学の限界を，飛躍的に拡張しつつあったのである．研究の領域を実在する物理的な環境に限らずに，彼らは自然の創造力を模倣し始め，自然を追い越すのは，単に時間の問題となってしまった．ベルトローの脂肪の合成に関する研究は，ささやかではあったがこの方向への第一歩であった．しかし，するべきことはたくさん残されていた．

　19世紀半ばの有機化学者たちは，分子構造を充分理解していなかったために多くの困難に出会ったが，科学の進歩はとどまることを知らず，少なくとも一つの重要なエピソードにおいては，この理解の不足さえも実際に利点となってしまったのであった．

　当時（1840年代）イギリスには有名な有機化学者がほとんどいなかったので，リービヒ（129頁参照）の弟子であったホフマン（1818-92）がドイツからロンドンへ招き

入れられた．数年後，ホフマンは助手として十代の学生パーキン（1838-1907）を選んだ．ある日，パーキンもいるところでホフマンは，高価なマラリアの特効薬キニンの合成の可能性を大声で論じた．ホフマンはコールタール（石炭を空気を絶って加熱して得られる，どろどろした黒い液体）から得られる薬品の研究をしていたので，彼はアニリンのようなコールタールから得られる薬品から，キニンを合成できないかと考えた．もしこの合成が成し遂げられれば，これは大した成功であり，キニンの供給を，はるか遠くの熱帯に依存しているヨーロッパの状態を救うことにもなった．

まったく熱中しきったパーキンは帰宅して（ここに彼は自分の小さな実験室を持っていた），この仕事に挑んだ．もし，彼にせよホフマンにせよ，キニン分子の構造についてもう少し知識があったならば，彼らはこの仕事は19世紀中期の技術では不可能なことを知ったであろう．幸いなことにパーキンはこのことをまったく知らず，この仕事に失敗はしたが，あるいはもっと偉大かもしれない仕事を成し遂げたのである．

1856年の復活祭の休みの間に，彼はアニリンを重クロム酸カリウムで処理し，得られた混合物を，また失敗したと考えてまさに捨てようとした時，何か紫色に輝くものが目にとまった．アルコールを加えてみると，混合物の一部が溶けて美しい紫色となった．

パーキンは染料が得られたと考え，学校をやめて，家の

財産を資本にして工場をつくった．6カ月後には彼が自ら「アニリン紫」と呼んだ染料の生産が始まった．フランスの染色業者たちは新しい染料をやかましく要求し，またその染料に「モーブ」という名を与えた．この染料は非常に有名となり，この時期がモーブの時代として知られるようにまでなった．巨大な**合成染料**工業を創立したパーキンは金持になって35歳で引退することができた．

パーキンの成功後ほどなく，ケクレとその構造式が，有機化学者に，いわば彼らの領域の地図を与えた．この地図を用いて，彼らは1つの分子を他の分子に変えるために構造式を少しずつ変えていく反応の論理的な筋道，合理的な方法といったものを得ることができるようになった．こうして新しい有機化合物を，パーキンの勝利のように偶然ではなく，慎重な考慮によって合成することが可能になってきた．

発見された反応には，発見者の名前が与えられることも多かった．パーキンによって発見された，分子に2つの炭素を付加する方法は**パーキン反応**とよばれ，またパーキンの先生によって発見された，窒素原子を含む環を開く方法は**ホフマン分解**とよばれる．

ホフマンは1864年にドイツにもどり，そこで彼の若い弟子が開いた有機化学の新しい分野に身を投じた．彼は第一次世界大戦までほとんどドイツの独占であった分野の基礎づくりに協力した．

天然染料は実験室でも合成されるようになった．1867

年に(「張力説」の)バイヤーは新しいプログラムによる研究を始めたが,その結果インジゴの合成に成功した.この成功はやがて極東における大きなインジゴ農場を経営不能におちいらせることになった.1868年にバイヤーの教え子の一人のグレーベ(1841-1927)は,もう一つの重要な天然染料アリザリンを合成した.

これらの成功によって,応用化学の技術と理論とが確立されたが,この応用化学は最近数十年来われわれの生活に根本的な影響をおよぼし,またますます速く発展しつつある.有機化合物の構造を変える新しい方法が,次から次へと開発されているので,ここで化学理論の主な流れから離れて,そのいくつかの最も重要な成果を検討する必要があるように思われる.今まで,この化学の歴史は,化学の発展を,化学理論の発展をたどることによって,ながめてきた.しかしこの章と次の章では,はっきりした関連がすぐには明らかでないような二,三の進歩を論ずる必要がある.これらの進歩は人類の必要に対する化学の応用を形づくっているので,これらの成果は化学の発展の本流から離れているように見えるかもしれないが,この化学の歴史に絶対欠かせない1ページなのである.最後の三つの章で,再び理論の発展のはっきりした線をたどることになる.

薬 品

パーキン以後,ますます複雑な天然化合物が合成されるようになった.インジゴのような,ごくまれな場合を除い

ては，合成品は経済的な意味では天然産のものに全く太刀打ちできなかった．しかし合成によって，理論的にはつねに（そして時には実用的にも）興味の対象となるような分子構造が決定される場合が多かった．

たとえば，ドイツの化学者ウィルシュテッター (1872-1942) は，植物が太陽エネルギーを利用して二酸化炭素から炭水化物を合成することを可能にする，緑色の，光を吸収する触媒**クロロフィル**の構造を注意深く研究した．

二人のドイツの化学者ウィーラント (1877-1957) とウィンダウス (1876-1959) は，**ステロイド**と関連物質の構造を研究した（ステロイドの中には重要なホルモンが多く含まれる）．別のドイツの化学者ワラッハ (1847-1931) は重要な植物油である**テルペン**（メントールはそのよく知られた例）の構造を苦心の結果明らかにした．一方ハンス・フィッシャー (1881-1945) は血液中の着色部分である**ヘム**の構造を明らかにした．

ビタミン，ホルモン，アルカロイドなどは20世紀になって研究が進められ，多くのものの構造が決定された．たとえば1930年代にスイスの化学者カラー (1889-1971) は重要な植物色素であり，ビタミンAに深い関係のある**カロテノイド**の構造を研究した．

イギリスの化学者ロビンソン (1886-1975) はアルカロイドを系統的に研究した．彼の最大の成功は，1925年の**モルフィン**の構造決定（一つだけ疑わしい原子を残して），1946年の**ストリキニン**の構造決定である．ロビンソンの

第二の業績は，アメリカの化学者ウッドワード (1917-79) が 1954 年にストリキニンを合成したことによって確かめられた．ウッドワードの有機合成における輝かしい勝利は，1944 年にアメリカ人の協力者デーリング (1917-) と共に**キニン**を合成した時に始まった．この特定の化合物は，かつてパーキンが当てもなく追求したのであったが，その結果は何とも驚くべきものであった．

ウッドワードはもっと複雑な有機化合物を合成したが，その中には 1951 年の**コレステロール**（最も普通のステロイド），同じ年の**コルチゾン**（ステロイドホルモン）の合成が含まれていた．1956 年に彼は最初のトランキライザーの一つである**レセルピン**を合成し，1960 年にはクロロフィルを合成した．1962 年には，ウッドワードはよく知られた抗生物質アクロマイシンに関連ある複雑な化合物を合成した．

別の方面では，ロシア系アメリカ人の化学者レヴェン (1869-1940) は，核酸の巨大分子の構成材料であるヌクレオチドの構造を推定した（今日では核酸は，人体の化学的仕組みをコントロールするものであることが知られている）．彼の結論は，1940 年代および 1950 年代初期にさまざまのヌクレオチドと，その関連化合物を合成したスコットランドの化学者トッド (1907-97) の仕事によって完全に確証された．

これらの化合物のあるもの，特にアルカロイドには薬理作用があるので，**薬品**という一般的見出しの下で論じられ

る．20世紀のごく初期に，全合成された化合物も，天然物と同じ薬理作用があり，貴重な薬品であることがわかった．

1909年に，合成物質アルスフェナミン（サルヴァルサン）は梅毒の治療薬として，ドイツの細菌学者エールリヒ（1854-1915）によって用いられた．この応用は**化学療法**，即ち特定の化学薬品で病気を治療すること，の基礎をきずいたと考えられている．

1908年に**スルファニルアミド**[*]と呼ばれる化合物が合成され，既に知られてはいたが特別の用途のない合成物質の厖大な仲間の一員となった．1932年に，ドイツの化学者ドーマク（1895-1964）の研究によって，スルファニルアミドおよび関連化合物は，さまざまの細菌性の病気の治療に用い得ることが明らかになった．しかし，細菌性の病気に対する薬品としては，天然物は合成品と競い，むしろこれよりも優っていた．その最初の例は，スコットランドの細菌学者フレミング（1881-1955）によってその存在が偶然発見されたペニシリンであった．フレミングはブドウ状球菌の培養基を，ふたなしで数日放置しておいたところ，かびが生えているのに気がついた．思いがけない事態のために，彼はもっと詳しく観察するようになった．すべてのかびの胞子の周りには，培養菌が溶けてしまっているきれいな部分があった．彼は細菌を殺す薬品が得られるか

---

[*]〔訳注　スルファニルアミドより，サルファ剤という名前のほうが，わが国ではより一般的である．〕

もしれないと期待して,全力を尽くして研究したが,有効物質を単離することがむずかしく,失敗してしまった.第二次世界大戦が始まり,戦場での病気に効く薬の必要が高まったので,この問題に対してもう一つの,もっと大きな努力が注がれることになった.オーストラリア系イギリス人の病理学者フローリー (1898-1968) とドイツ系イギリス人の生化学者チェイン (1906-79) の指導の下に,ペニシリンは単離され,その構造も決定された.ペニシリンは最初の**抗生物質**であった(「生命に抵抗する」といっても,もちろん顕微鏡的生命に対抗する,という意味である).1945 年までに,1 カ月に 1 トンのペニシリンをつくる培養法と濃縮法が完成した.

　1958 年に,化学者は培養を途中で止め,ペニシリン分子の核を得て,これに天然産のものにはないいろいろな有機基を付加させることを学んだ.合成された類似品のあるものは,病気を抑える力がペニシリン自身よりも強いほどであった.1940 年代と 1950 年代の間に,ストレプトマイシン,テトラサイクリンなどの抗生物質がいろいろな菌から単離され,実用に供されるようになった.

　複雑な有機化合物の合成は,合成の過程のさまざまの中間段階で得られる物質を確認するために,それらをときどき分析しなければ,完成にまで導くことはできなかったであろう.一般に分析に用い得る試料は極めて微量なので,分析は最も良く行なわれても不正確であり,最悪の場合は不可能であった.

オーストリアの化学者プレーグル（1869-1930）は分析に用いる装置の大きさを小さくすることに成功した．彼は極めて正確な天秤をつくり，精巧なガラス器具を設計し，1913年までに**微量分析**の一貫した手順を考案した．それまでは手に負えなかった少量の試料の分析が，正確に行なえるようになった．

分析の古典的な方法は，通常，反応中に消費された物質の体積の測定（**容量分析**）あるいは反応によって生じた物質の質量の測定（**重量分析**）によっていた．20世紀が進むに応じて，光の吸収，電気伝導度，その他もっと手のこんだ方法が用いられるようになった．

タンパク質

前節でのべた有機物質のほとんどが，一つの単位として存在し，おだやかな化学的処理では容易に切れない，そして50個以内の原子からなる分子であった．しかしながら一方には何千，何百万もの原子を含む，文字どおり巨大な分子からなる有機物質もある．これらの分子は，本質的に単一ではなく，比較的小さい「構成単位」から作られている．

これらの巨大分子をその構成単位に分解し，それを研究するのは容易である．たとえば，レヴェンはヌクレオチドの研究でこの方法をとった（213頁参照）．巨大分子をそのままで研究しようという試みもまた当然なされ，19世紀の半ばまでに，その方向への第一歩が踏み出されていた．

スコットランドの化学者グレアム（1805-69）は**拡散**——即ち2種類の物質の分子が接触させられたときどのように混り合うか——の問題に興味をそそられて，この方面の最初の研究者となった．彼は小さな穴または細い管を通しての，気体の拡散速度の研究から手をつけた．1831年までに，彼は気体の拡散速度は，その分子量の平方根に反比例することを示した（**グレアムの法則**）．

引き続いてグレアムは溶解した物質の拡散の研究に移った．彼は食塩，砂糖，硫酸銅などの溶液は羊皮紙の隔壁を通り抜けることを発見した（おそらく顕微鏡でも見えないくらいの小さい穴が羊皮紙にはあるのであろう）．これに反してアラビアゴム，にかわ，ゼラチンのような物質が溶けている場合，これらは羊皮紙を通り抜けなかった．明らかに後者の物質の巨大分子は羊皮紙の穴を通り抜けるには大きすぎた．

羊皮紙を通り抜けることができ，（また結晶として得られやすい）物質をグレアムは**晶質**と呼んだ．通り抜けない，にかわ（ギリシア語で *kolla*）のような物質を，彼は**膠質（コロイド）**と呼んだ．

巨大分子の研究はこのようにして，グレアムがその門を開いた，コロイド化学の重要な部分となった[*]．

羊皮紙の膜の一方には純粋の水が，他方にはコロイド溶

---

[*] 1833年にグレアムはさまざまな形のリン酸を研究し，そのあるものでは1つ以上の水素原子が金属によって置換され得ることを示した．これは最初に知られた**多塩基酸**である．

液があると考えよう．水の分子はコロイドの含まれている部分に入ることができるのに対して，コロイド分子は通路をふさいでいる．したがって水分子にとっては，系のコロイド部分に入り込むほうが，そこから出るよりも容易である．この不均衡が**浸透圧**の原因である．

1877年にドイツの植物学者ペッファー（1845-1920）はこの浸透圧の計り方，また浸透圧からコロイド溶液中の巨大分子の分子量を決定する方法を示した．これはこのような分子の大きさを評価する，最初の合理的な方法であった．

もっと良い方法がスウェーデンの化学者スヴェードベリ（1884-1971）によって考案された．彼は1923年に**超遠心機**を発展させた．この装置はコロイド溶液を回転させて，大きな遠心力の下で巨大分子を外側に移動させるものであった．巨大分子が外側に移動する速度から分子量が求められた．

スヴェードベリの協力者で，やはりスウェーデン人のティセリウス（1902-71）は，1937年に巨大分子を分子の表面に分布している電荷によって分離する，という改良法を考案した．**電気泳動**と呼ばれるこの技術は，タンパク質を分離・精製するのに特に重要であった．

物理的な方法によって，巨大分子の全体的な構造に関する証拠は次第に集められてきたのではあったが，化学者はその構造の化学的な詳細をどうしても知りたいと思った．特に彼らの興味はタンパク質に集中した．

デンプンや木のセルロースのような巨大分子は単一の構成単位の無限の繰り返しからできているのに対して，タンパク質は約20の，異なってはいるけれども，互いによく似た構成単位——即ちさまざまのアミノ酸（124頁参照）から成り立っている．このためタンパク質分子は極めて多様で，生命現象の精妙さ，多様性の満足すべき基礎になっている．反面このため，タンパク質分子の特徴を確認するのはいっそう困難となっている．

　既に砂糖分子の構造の詳細を決定したエミール・フィッシャー（153頁参照）は，今世紀の初めごろからタンパク質分子に興味を持ち始めた．彼は一つのアミノ酸のアミノ基は他のアミノ酸の酸部分と結合して**ペプチド結合**をつくることを示した．1907年に彼は実際アミノ酸をこのように連結して（合計18のアミノ酸を），また生じた化合物がタンパク質に特有な性質の一部を持っていることを示すことによって，彼の考えを実証した．

　しかしながら，天然に存在するタンパク質分子の中にある，実際のポリペプチド連鎖を作りあげているアミノ酸の順序の決定が可能となるためには，なお半世紀の時の経過と，新しい技術の発見を待たねばならなかった．

　この技術はロシアの植物学者ツヴェート（1872-1919）によって始められた．彼は極めてよく似た色の植物色素の混合物の溶液を，粉末酸化アルミニウムの筒に少しずつたらしてみた．混合物中の物質のそれぞれは，酸化アルミニウム粉末の表面に，異なる強さで付着した．混合物を下方

に流すと,個々の成分は分離して色の輪をつくった.ツヴェートはこの効果を 1906 年に報告し,この技術を**クロマトグラフィー**(「着色図法」)と呼んだ.

このわかりにくいロシア語の論文は初めは認められなかったが,1920 年代になると,ウィルシュテッター(212 頁参照)とその弟子のクーン(1900-67)がこの技術を改めて紹介した.これはさらに 1944 年にイギリスの化学者マーティン(1910-2002)とシング(1914-94)によって改良された.彼らは粉末の層の代わりに吸収性の濾紙を用いた.混合物は濾紙にそって進み,分離された.この技術は**ペーパー・クロマトグラフィー**と呼ばれる.

1940 年代の終わりから 50 年代の初めにかけて,数多くのタンパク質がその成分のアミノ酸に分解された.アミノ酸の混合物はペーパー・クロマトグラフィーによって分離され,詳細に研究された.このようにしてタンパク質分子中に存在する各々のアミノ酸の総数は決められたが,ポリペプチド連鎖に結合している正確な順序はまだわからなかった.イギリスの化学者サンガー(1918-)は,2 つの相互に連結しているポリペプチド連鎖に分布している約 50 のアミノ酸からなるタンパク質ホルモン,インシュリンに挑戦した.彼は分子を小さな鎖に切って,それぞれをペーパー・クロマトグラフィーで研究した.8 年の間「はめ絵遊び」の仕事に専念したが,1953 年までにはインシュリン中のアミノ酸の正確な順序が決められた.同じ方法が 1953 年以後,もっと大きなタンパク質分子の詳細な

構造を決めるために用いられている.

次の段階は, 実際にアミノ酸を1つずつつないで, 求めるタンパク質分子を合成し, 構造決定の結果を確認することであった. 1954年に, アメリカの化学者ヴィニョー (1901-78) は, わずか8つのアミノ酸からなる小さなタンパク質分子オキシトシンを合成して, この分野の口火を切った. もっと複雑な化合物の合成もたちまち成功し, 何ダースものアミノ酸からなる連鎖も合成された. 1963年にはインシュリン自身のアミノ酸連鎖も実験室でつくられるようになった.

しかしアミノ酸の順序がわかっても, タンパク質の分子構造に関するすべての有用な知識が得られたのではなかった. タンパク質をおだやかに加熱すると, タンパク質はしばしば, 永久に自然の状態における性質を失ってしまう. 即ち, タンパク質は**変性**する. 変性を起こす条件は, 一般に極めておだやかなので, ポリペプチド連鎖が切れることはない. したがって鎖は弱い「二次結合」によって, ある一定の構造を保っていると考えざるを得ない. これらの二次結合は通常窒素原子か酸素原子の間にある水素原子を含んでいる. このような**水素結合**は, 通常の共有結合の $\frac{1}{20}$ の強さしかない.

1950年代の初め, アメリカの化学者ポーリング (1901-94) はポリペプチド鎖はらせん状に巻いていて (「らせん階段」のように), それが水素結合によって固定されているのであると提案した. この考えは, 皮膚や結合組織を

つくっている，比較的簡単な**繊維状タンパク質**に関しては，特に有用であることが明らかになった．

しかし，はるかに複雑な**球状タンパク質**も，ある程度はらせん状であることが明らかとなった．オーストリア系イギリス人の化学者ペルーツ（1914-2002）とイギリスの化学者ケンドルー（1917-97）はヘモグロビンとミオグロビン（それぞれ血液と筋肉にある，酸素を集めるタンパク質）の詳細な構造を決定した際にその事を示した．この解析の際に彼らは，結晶を通過するX線が結晶を構成している原子によって散乱されることを利用する**X線回折**を利用した．ある一定方向への，ある一定の角度での散乱は，原子が規則的なパターンに従って配列されている時に，最も効果的に起こる．散乱の細かい点から，逆に分子の中の原子の位置を知ることができる．大きなタンパク質分子の場合のように，原子の配列が複雑であれば，その仕事もおそろしく大変なものになるが，1960年までにはミオグロビン分子（12000の原子からなる）の構造の詳細も，最後の点まで明らかとなった．

ポーリングはまた，彼のらせん模型は核酸にも応用可能であることを提案した．ニュージーランド系イギリス人の物理学者ウィルキンス（1916-2004）は1950年代の初期に核酸にX線回折を試み，ポーリングの仮説を検証するのに役立てた．イギリスの物理学者クリック（1916-2004）とアメリカの化学者ワトソン（1928-　）は，X線回折の結果を説明するためには，さらに複雑な事態を考える必要

があることを見いだした．各々の核酸は2つの鎖が共通の軸の周りを巻いているような二重らせん構造を持たねばならない．1953年に発表されたワトソン-クリック模型は，遺伝学をよく理解するための重要な突破口であることがわかった*).

爆　薬

　自然に存在するものを何でも改良してしまおうという化学者の手は，当然巨大分子にも伸びた．その最初の例は，すでに酸素の一形態である**オゾン**を発見するという功績のあった，ドイツ系スイス人の化学者シェーンバイン (1799-1868) の偶然の発見によってもたらされた．

　1845年，自宅で実験しているとき，彼は硝酸と硫酸の混合物をこぼしたので，夫人の木綿のエプロンをそれをふきとるのに用いた．乾かすために彼はエプロンをストーブの上に吊した．ところが乾くやいなやエプロンは爆発して煙のように消えてしまった．彼はエプロンのセルロースを**ニトロセルロース**に変えてしまったのであった．（硝酸からセルロースに与えられた）ニトロ基は酸素の内在的な供給源となり，熱せられるとセルロースはたちまち完全に酸化されてしまった．

　シェーンバインはこの化合物のもついろいろな可能性を

---

*) この問題の詳しい点に関して関心のある読者は，アシモフ著『遺伝の法則』(The Genetic Code, Signet, 1963) を参照されたい．

認めた．通常の黒色火薬は爆発するとき濃い煙を出し，砲手を真黒にし，大砲と小銃を汚し，戦場の空を暗くして見通しの悪いものにしてしまった．ニトロセルロースは「無煙火薬」として用いられる可能性があり，またその爆発力から砲弾の発射火薬として用いられることから，**綿火薬**と呼ばれるようになった．

綿火薬を軍事目的のために製造しようという試みは，工場が爆発してしまうおそれがあったので，初めは成功しなかった．1891年にデューワ（206頁参照）とイギリスの化学者エイベル（1827-1902）は綿火薬を含む安全な混合物を調合することに成功した．その混合物は長いひも状に圧縮されたので，**コルダイト**（ひも状火薬）と呼ばれた．コルダイトとその後に発明された火薬のおかげで，20世紀の兵士たちは明るい空の下で敵を殺したり，敵に殺されたりした．

コルダイトの一成分はニトログリセリンであるが，それは既に1847年にイタリアの化学者ソブレロ（1812-88）によって発見されていた．ニトログリセリンは破壊力ある爆薬であったが，わずかな刺激で爆発しやすいために戦争には用いることができなかった．それは，山を貫いて道路を掘ったり，いろいろな目的のために何トンもの土を動かしたりするような平和時の利用においても危険が伴った．軽率な取り扱いのため死亡率が高まった．

スウェーデンの発明家ノーベル（1833-96）の一族はニトログリセリンを製造していた．爆発のため兄弟の一人を

失ったノーベルは，この爆薬を安全に使いこなすことに努力するようになった．1866 年に彼は「珪藻土」とよばれる吸収性の土が相当量のニトログリセリンを吸収できることを発見した．ニトログリセリンを浸みこませた珪藻土は，全く安全に取り扱うことができ，それはニトログリセリン自身の破壊力を保っている棒に，成型することができた．ノーベルはこの安全な爆薬をダイナマイトと呼んだ．人道主義者であった彼は，ダイナマイトが戦争をあまりにも恐ろしいものにするので，人々はかえって平和をとらざるを得ないであろうと考えて満足感をもった．彼の動機は良かったのであるが，彼の人間の知性に対する評価は楽観的でありすぎた．

19 世紀末における新しい改良された火薬の発明は，5 世紀以上も昔に黒色火薬が発明されて以来の，化学が戦争に対して果たした最初の重要な貢献であったが，第一次世界大戦に毒ガスが発達したことから見て，未来の戦争において人間は化学を破壊の仕事のために悪用するであろうということが明白であった．飛行機の発明，そして最終的には核爆弾（307 頁参照）の発明は，この戒めをますます明らかにした．19 世紀の末までは，科学は地上にユートピアを創り出すための道具であるように見えたが，今日では科学は多くの人にとって，死の仮面をかぶったものになってしまった．

高分子

　巨大分子の平和利用が大いに盛んな他の分野も多かった．完全にニトロ化されたセルロースは確かに爆薬であったが，部分的にニトロ化されたセルロース（パイロキシリン）は取り扱いが比較的安全なので，重要な用途が考え出された．

　アメリカの発明家ハイアット（1837-1920）はビリヤードの象牙の球の代用品の発明にかけられた賞金を得ようとして，パイロキシリンに取り組んだ．彼はパイロキシリンをアルコールとエーテルの混合溶媒に溶かし，もっと軟かく，展性のあるものにするためにショウノウを加えた．1869年までに彼は自ら**セルロイド**と呼んだものをつくり出し，賞金を獲得した．セルロイドは最初の合成**プラスチック**，即ちいろいろな形に成形のできる物質であった．

　もしパイロキシリンを球形にかためることができるならば，それを繊維やフィルムに伸ばすこともできるはずであった．フランスの化学者シャルドネ伯（1839-1924）は，パイロキシリンの溶液を小さな穴から押し出して繊維をつくった．ほとばしり出た溶媒はすぐに蒸発して，後には糸が残った．この糸を織ると，絹の光沢をもった織物が得られた．1884年にシャルドネは，彼のつくった**レーヨン**（それがぴかぴかしていて光線〔レイ〕を発しているように見えたのでこう呼ばれた）の特許を得た．

　アメリカの発明家イーストマン（1854-1932）が写真に興味を持った結果，フィルム状のプラスチックが世に現わ

れた．彼は銀化合物の乳剤を，乾燥しやすいようにゼラチンと混ぜた．この混合物は安定で保存が利き，従来のように使用直前に乳剤をつくる必要はなかった．1884 年に彼はガラス板の代わりにセルロイドのフィルムを用いることにしたが，これ以後，それまで専門家のみの職能であった写真術は，すべての人の趣味となることができた．

セルロイドは爆発こそ起こさなかったが，容易に燃え出すので，火事の危険があった．そこでイーストマンはもっと燃えにくい材料を試験した．セルロースにニトロ基でなくアセチル基（CH_3CO-）を導入すると，プラスチックとしての性質をもちながらも，危険なほど激しく燃えないものが得られた．1924 年に，アセチルセルロースフィルムが市場に現われたが，ちょうどこの時，映画産業は火事による災害を減少できるフィルムを特に必要としていた．

化学者は，すでに自然に存在している巨大分子にだけ頼っていたわけでもなかった．ベルギー系アメリカ人の化学者ベークランド（1863-1944）はシェラックの代用品を求めていた．このために，彼は小さな単位の分子が付加してできたような巨大分子の，ゴムのような，またタール状物質の溶液を必要とした．小さい分子は**単量体**（モノマー）であり，最終生成物は**重合体**（ポリマー）である．単量体が付加して重合体をつくる過程には，少しも神秘的なところはないことを説明する必要がある．簡単な例として，2 分子のエチレン（C_2H_4）を考えよう．構造式は次ページの上のようである．

$$\begin{array}{c}
\text{H}_2\text{C=CH}_2 \quad \text{H}_2\text{C=CH}_2 \\
\downarrow \\
\text{H}_3\text{C—CH}_2\text{—CH=CH}_2
\end{array}$$

　1個の水素原子が一方から他方に移動し,二重結合の1個が単結合に変わって,2個の分子を連絡すれば,炭素数4個の化合物が得られる.

　このような炭素4個の化合物はまだ二重結合を持っている.したがってこの分子はまた,水素原子の移動と二重結合の開裂によって,もう1つのエチレン分子と化合して,二重結合を1つ持った炭素原子6個の化合物となる.同様の過程で,炭素原子8個の分子から,さらに炭素原子10個の分子が得られ,さらに任意の長さの分子が得られるのである[*].

---

[*] この**重合過程**がどこまで進むかは,単量体を反応させる時間,反応温度や圧力,反応を速くしたり遅くしたりする物質の存在の有無,などによって決まる.現代の化学者はこれら諸条件を全部考慮して,最終生成物を自由に設計することができる.

ベークランドは単量体として，フェノールとホルムアルデヒドを用いて重合体をつくったが，この重合体に適当な溶媒は見いだされなかった．このように堅く，しかも溶媒に侵されないこの重合体は，まさにこれらの性質によって有用であるかもしれないと彼は考えた．この重合体は，得られた直後なら成型可能であり，放置すれば水にも溶媒にも侵されない，しかも機械的加工の容易な電気絶縁体となった．1909 年に彼は自らベークライトと名づけた製品を発表した．これは最初の，しかも今日でもなお最も有用な，完全に合成されたプラスチックの一つである．

　完全に合成された繊維も姿を現わした．この分野での指導者はアメリカの化学者カラザース（1896-1937）であった．彼と協力者のベルギー系アメリカ人の化学者ニューランド（1878-1936）は，ゴムに関連あるまたその弾性をいくらか持った重合体を研究していた[*]．その結果，1932 年に「合成ゴム」，あるいは現在の呼び名に従えば，**エラストマー**の一つである**ネオプレン**が合成された．

　カラザースはさらに次の高分子を狙った．ある種のジア

---

[*] ゴムはある種の熱帯産植物からとれる天然高分子である．自然のままでは，ゴムは天気の良い日には粘り気が強すぎ，寒い日は固くなって役に立たない．アメリカの発明家グッドイヤー（1800-60）はなかば偶然に，ゴムをイオウと加熱すると，広い温度範囲にわたって乾いた，しなやかな状態が保ち得ることを見いだした．彼は 1844 年にこの**加硫ゴム**の特許を得た．20 世紀に入って自動車工業が発展し，タイヤ用としてゴムの厖大な需要が生じた時，ゴムはその存在を初めて明らかにした．

ミンとジカルボン酸の分子を重合させることによって，彼は絹のタンパク質の中のペプチド結合（219頁参照）と似た原子の組み合わせを含む長い分子からなる繊維をつくった．この繊維を引き伸ばすと，今日**ナイロン**と呼ばれているものになる．ナイロンは，惜しくも若くしてこの世を去ったカラザースの死の直前に開発されたが，第二次世界大戦のため中断された．結局この戦争が終わって初めて，ほとんどすべての用途において，特に靴下類では，絹の代わりをつとめるようになった．

初めのうちは巨大分子の構造や，必要な反応の詳細についてほとんど知識がなかったので，合成高分子は試行錯誤の（あれやこれやと試みてみる）過程のうちにつくり出された．高分子の構造の研究の，初期の段階での指導者であり，多くの不明な点を明らかにしたのは，ドイツの化学者シュタウディンガー（1881-1965）であった．彼の研究によって合成高分子の弱点の一部が明らかとなった．たとえば，単量体が無秩序に互いに付加すると，構成単位の中の原子団が，ここではある方向を，あそこでは他の方向を向いているということも起こり得る．この無秩序のため，分子の鎖が充分に詰まることができず，そのため得られた高分子が弱くなる可能性がある．分子の鎖が枝分かれすることもあるが，こうなると事情はさらに悪くなる．

1953年にドイツの化学者チーグラー（1898-1973）はアルミニウム，チタン，リチウムなどの原子が付加しうる，ある種の樹脂（天然の植物性高分子）を触媒として用いう

ることを発見した．この触媒によって，単量体はより整然と結合し，枝分かれは起こらなくなった．

イタリアの化学者ナッタ（1903-79）の同様の研究によって，結合は極めて整然と起こるようになったので，原子団も重合体の鎖の中で整然と並ぶようになった．要するに，重合の技術は，プラスチックにせよ，フィルムにせよ，繊維にせよ，あらかじめ指定された性質をみたすようにつくりうる段階に達した．

新しい合成物質を大量に製造するために必要な，基本的有機物質の大きな資源は石油であった．この液体の存在は古代から知られていたが，大量に利用できるためには，巨大な地下のプールから石油を汲み出す技術の発達を待たねばならなかった．アメリカの発明家ドレイク（1819-80）は1859年に初めて石油を求めて地面に穴をあけた．ドレイク以後1世紀たった今日，誰でも知っているように，石油は，有機物質の主な原料であり，家庭用熱源であり，飛行機や自動車に始まってスクーターや芝刈機にいたるまでのすべての動くものの力の源であって，今や現代世界の最も重要な資源である．

この内燃機関の時代においては，ともすれば忘れられがちではあるが，石炭は有機物質の原料としては石油よりも一般的である．今世紀の初めころロシアの化学者イパチェフ（1867-1949）は，高温での石油や石炭中の複雑な炭化水素の反応の研究を始めた．ドイツの化学者ベルギウス（1884-1949）はイパチェフの発見を手がかりにして1912

年に，石炭と重油を水素で処理してガソリンを得る実際的方法を考案した．

　しかしながら世界の**化石燃料**（石炭および石油）の供給量は限られており，また多くの用途において他のもので置き換えることはできない．現在のすべての調査の示すところによると，全供給量が使い尽される日はさして遠くはない．20世紀のうちになくなる心配はないけれども，人口が急激に増大し，その結果需要が増大することを考えると，21世紀にはこの心配が起こると考えなければならない．

第 11 章　無機化学

新しい冶金術

19世紀,特にその後半はもっぱら有機化学の時代のようにみえたけれども,その間無機化学には進歩がなかったわけではなかった.

写真術のことは,既に(226頁参照)無機化学の19世紀における重要な応用として引用した.しかし経済とか,社会の福祉にとっての重要性という見地から見れば,写真術は小さな寄与と見なされなければならない.同様な小さな寄与であって,当然のこととして深く考えられたことはないけれども,その社会的意義が大きいのは,火をつくる技術の進歩である.歴史を通して人間は,発火する前に高温に熱せられなければならない木のような物体を摩擦するか,火打石と打ち金を用いて,ただ一瞬しか続かない火花を得て,これから火をつくっていた.次第に人間は,少し摩擦しただけで得られるような低温で発火する薬品に関する実験を始めた.1827年にイギリスの発明家ウォーカー (1781-1859) は最初の実用的なリンマッチを考案した.その後1世紀半の間にマッチは大幅に改良されたが,原理

は今日のマッチも同じである．

　写真術とリンマッチは，詳細できちんと書かれた科学の歴史の中では，簡単に言及される以上の価値のある，多くの無機化学の実用的進歩のうちの二つの例に過ぎない．19世紀の応用化学の最も劇的な進歩は金属についてなされたが，このうち鋼鉄は経済に最も大きな影響を及ぼしたし，今もまた及ぼしている．石油はわれわれの社会を養い，活動させるが，鋼鉄は社会を支える骨組みをつくる．

　既にわれわれが知ったように，製鉄業は3000年も前から珍しいものではなかった．しかし鋼鉄を現代社会の骨組みとして使用できるほど安価に，そして大量に生産できる技術が考案されたのは，やっと19世紀半ばになってからであった．この分野での偉人はベッセマー（1813-98）であった．

　イギリスの冶金学者ベッセマーは回転しながら飛んでゆき，弾道が正確に予言できるような砲弾の製造を試みていた．このためには旋条を入れた大砲，即ち砲尾から砲口まで，砲身の内側にみぞがらせん状に刻まれている大砲が必要であった．このためには，飛び出す砲弾をらせん状のみぞに逆らって押し出し，急速に回転させるために必要な大きな圧力に耐えられるような，特別に強い鋼鉄が必要であった．当時用いられていた旋条の入っていない大砲は，もっと弱い材料でつくることができたし，その上，鋼鉄は極めて高価なものであった．したがって，何らかの手が打たれないかぎり，ベッセマーの旋条入り大砲は全く非実用的

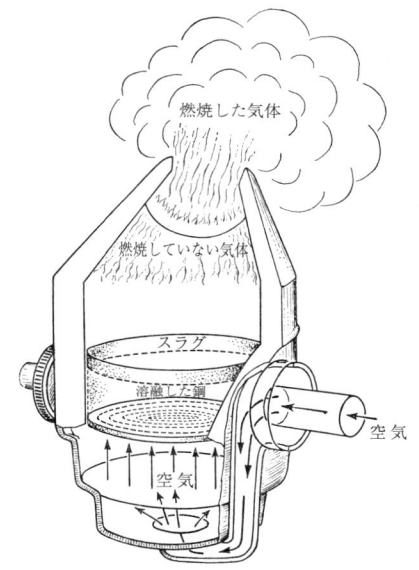

19 図 ベッセマーの転炉は鋼鉄製造に革命的変化を与えた．

なものであった．

　製造された状態の鉄は炭素（鉱石を精錬するのに必要な石炭やコークスから来た）に富んだ**鋳鉄**であった．炭素を苦心して除くと，じょうぶではあるが比較的やわらかい**錬鉄**が得られた．じょうぶでしかも硬い**鋼鉄**は，これにさらに適当な炭素を加えることによって得られた．

　ベッセマーは，高価な錬鉄の段階を通らないで，ちょう

ど鋼鉄ができるだけの炭素をもった鉄の製法を求めていた．鋳鉄の中の過剰の炭素を除くために，彼は溶けている金属に空気を吹き込んでみた．空気を送っても温度が下がって金属が固化することはなかった．逆に，炭素と酸素の燃焼熱によって溶けている金属の温度は上がった．空気の吹き込みを適当な時に打ち切ることによって，ベッセマーは鋼鉄を得ることに成功した（19 図）．

　1856 年に彼は自作の**溶鉱炉**を発表した．初めのうちは，彼の仕事をまねる試みは失敗した．というのは，彼の方法は原料としてリンを含まない鉱石を必要としたからであった．しかし一度その原因がわかってからは，ことがらは順調に進み，鋼鉄は安価なものになった．鉄器時代（16 頁参照）は鋼鉄時代にその位置をゆずった（その後ベッセマーの技術よりも進んだ技術が製鉄業に導入された）．現在の高層建築や吊り橋が可能になったのは，強い鋼鉄のおかげであり，軍艦によろいをつけ，巨大な大砲や鉄道線路を作ったのも鋼鉄であった．

　鋼鉄製造は鉄と炭素とを結合させた段階ではとどまらなかった．イギリスの冶金学者ハドフィールド（1858-1940）は，相当量の他の金属を加えた鋼鉄の性質を調べた．マンガンを加えると鋼鉄はもろくなるようであったが，ハドフィールドは彼以前の冶金学者が試みたよりも多い量を加えてみた．マンガンの含量が 12% 以上になると，もろさはなくなった．1000 度に加熱してから水中に焼き入れたものは，普通の鋼鉄よりもはるかに硬くなった．ハドフィー

ルドは1882年に彼のマンガン鋼の特許を得たが,これこそ**合金鋼**の得た勝利の始めであった.

クロム,モリブデン,バナジウム,タングステン,ニオブなどの金属を鋼鉄に加える試みはすべて成功し,特殊の用途に用いられるいろいろな合金鋼がつくられた.1919年までに,アメリカの発明家ヘインズ(1857-1925)は,クロムとニッケルを含む錆びない合金,**ステンレススチール**の特許をとった.1916年に,日本の冶金学者本多(1870-1954)はタングステン鋼にコバルトを加えて,ふつうの鋼鉄よりもはるかに強力な磁石の材料となる合金鋼を得た.

さらに新しい金属が用いられるようになった.たとえば**アルミニウム**は鉄よりも多く地球に存在している.実際,それはすべての金属中で最も多く存在している.しかしアルミニウムは化合物の中にかたく結合したままであった.鉄は先史時代から知られていて,鉱石から精錬されていたにもかかわらず,アルミニウムは1827年にウェーラー(121頁参照)が不純な試料を遊離するまでは,金属としても認められていなかったほどであった.1855年に,フランスの化学者ドビーユ(1818-81)はかなり純粋なアルミニウムを相当量つくる適当な方法を初めて工夫した.それにしてもアルミニウムは鋼鉄よりはるかに高価で,見せびらかしのために,たとえばナポレオン三世の幼児のためのラッパとか,ワシントン記念碑の頂上のおおいなどに用いられた.

1886 年に，若いアメリカの化学の学生ホール（1863-1914）は，先生から，アルミニウムを安価に製造する技術を発見した人は，誰でもきっと金持で有名になるだろうと聞いてこの問題に取りくむ決心をした．自宅の実験室で研究に従事しているうちに，彼は酸化アルミニウムが氷晶石とよばれる鉱物の溶融したものに溶けることを発見した．酸化アルミニウムが融解してくれれば，電気分解でアルミニウムがつくれる可能性があった．同じ年に，フランスの冶金学者エルー（1863-1914）はアルミニウム製造のほとんど同じ方法を考案した．ホール-エルー法によってアルミニウムは台所のなべのような一般的なものまでつくり得るほど安価なものになった．

　アルミニウムの最大の価値はその軽さ（鋼鉄の $\frac{1}{3}$）にある．この性質によってアルミニウムは航空機産業に特に利用されたが，この産業は，より軽い金属である**マグネシウム**をも多量に必要とした．1930 年代に，マグネシウムを海水に溶けているその塩から抽出する実用的方法が工夫されたので，この金属の供給源は本質的に無尽蔵である（臭素，ヨウ素——食塩そのものは言うまでもなく——も大洋から豊富に得られるようになった．未来における重要問題は，海水から淡水を抽出する方法である）．

　チタンのような金属も将来大いに有望である．チタンは広く分布し，酸に侵されず，アルミニウムと鋼鉄の中間の重さであり，比較的容易に製造され，同じ重量で比べると金属中で最も強い．ジルコニウムも類似しているが，チタ

ンほど広くは分布せず，またそれよりも重い．

チタンの将来性は現在計画され，建造されている超音速飛行機との関連においてとくに明るい．超音速機は音速の何倍もの速度で飛行するのであるから，たとえ高空においてもかなりの摩擦抵抗を空気からうける．機体の表面は高温に耐えられなければならないが，この点でチタンは，他の金属と比べて高温でもその強さを保つから，特に適当である．

窒素とフッ素

窒素は大気の中でわれわれを取りまいているが，それは元素の形としてである．有機体のほとんどにとって，窒素は化合物の形として初めて有用となる．ところが窒素そのものは極めて不活性で，反応して化合物をつくることは容易ではない．あれほど多く空気中に存在するにもかかわらず，土はしばしば硝酸塩（窒素化合物の最も普通の形）の不足をきたすので，動物の排泄物または化学肥料としてこれを補う必要がある．硝酸塩はまた火薬の成分でもあり，間接的にはニトロセルロース，ニトログリセリンのような新しい爆薬製造に用いられる．

土の中の硝酸塩は雷雨の活動によって補給されて維持されている．空気中の窒素と酸素は稲妻の働きで結合して化合物をつくる．この化合物は雨水に溶けて地表に運ばれる．その上，ある種のバクテリアは空気中の元素状窒素を利用して窒素化合物をつくる．しかし，肥料として，また

爆薬としての硝酸塩に対する需要が増大するにつれて，天然資源だけに頼るのは困難になってきた．ドイツの化学者ハーバー（1868-1934）は空気中の窒素を水素と化合させてアンモニアを得る方法を研究した．アンモニアが得られれば，これを硝酸塩に変えるのは容易である．1908年までに，ハーバーは窒素と水素を高圧下に鉄を触媒として反応させることによって，この問題の解決に成功した．

　第一次世界大戦が始まってイギリス海軍がドイツを封鎖すると，ドイツはチリの砂漠から天然の硝酸塩（最良の天然資源）を得ることができなくなった．ドイツの化学者ボッシュ（1874-1940）は研究室で証明されたハーバー法を，工業的な規模にまで発達させた．戦争の半ばまでには，ドイツの必要とする窒素化合物のすべてをまかなえるようになった．

　フッ素の場合は事情が正反対であった．フッ素は非常に活性が強いため，ただ化合物としてのみ存在し，元素として単離しようという化学者の努力はなかなか成功しなかった．それにもかかわらず，ラヴォアジエの時代から，化学者はこの元素の存在を確信していて，まだ誰も見たことがなかったのに，ニューランズとメンデレーエフはこれを周期表の中に含めているほどであった（162頁，168頁参照）．確かに電気分解によってフッ素は，さまざまの化合物から単離される可能性があったけれども，この気体は元素状になるやいなや，手近にあるものと手あたり次第に反応して，また化合物の一部になってしまった（フッ素は最も反

応性に富む元素である).

　デイヴィーを始めとして,19世紀の多くの化学者がこの問題にとり組んだが,結局フランスの化学者モアッサン (1852-1907) が成功を収めた. モアッサンは,白金はフッ素に侵されない数少ない物質の一つであるから,値段におかまいなくすべての装置を白金でつくる以外に手はないと決めた. その上に,フッ素の強い反応性をおさえるために,彼は全装置を零下50℃にまで冷却した. 1886年に彼は全白金製の装置の中で,フッ化カリウムのフッ化水素酸溶液に電流を通じて目的を達した. 淡黄色の気体であるフッ素はついに単離された.

　これも立派な業績であったが,モアッサンはもう一つの業績によってますます有名となった. が,これは実際は業績でも何でもなかった. 木炭とダイヤモンドは共に炭素の一形態で,ダイヤモンド中の炭素は,極めて密に詰まっているという点だけで異なっている. したがって大きな圧力を木炭にかければ,原子はもっとぎっしり詰まって並び,ダイヤモンドが得られると予想された. モアッサンは木炭を融解した鉄に溶かし,鉄が冷えるときに炭素を結晶化させてダイヤモンドをつくらせようと試みた.

　1893年には,彼は成功したと考えた. いくつかの小さい,不純なダイヤモンドの他に,彼は長さ0.5ミリ以上の良質のダイヤモンドの小片を製造した. しかし,モアッサンはいたずらの犠牲になってしまったのであって,実は助手の一人が鉄にダイヤモンドの種を蒔いておいたという

のが真相らしい．理論的な考察によって，モアッサンの用いた条件下ではダイヤモンドは生成しなかったことを，われわれは現在知っている．

アメリカの発明家アチェソン（1856-1931）も，ありふれた形の炭素からダイヤモンドをつくる努力を惜しまなかった．彼は失敗したものの，製造工程中，炭素を粘土とともに強熱した際，極めて硬い物質を得て，これを**カーボランダム**と呼んだ．カーボランダムは炭化ケイ素（ケイ素と炭素の化合物）であることがわかった．これはすぐれた研磨剤である．

ダイヤモンドをつくるためには，19世紀に得られたどんな高圧よりも高い圧力と，原子が比較的自由に位置を変更できるような高温が用いられねばならなかった．アメリカの物理学者ブリッジマン（1882-1961）は1905年から，より高い高圧を生じるような装置の考案に着手し，完成までに半世紀の時を費した．さまざまの元素や化合物が，原子や分子が特別に密に詰まっている配列をもった新しい形に変えられた．たとえば，水よりもかなり密度が高く，常圧での水の沸点よりより高い融点をもつ氷の変種がつくられた[*]．ブリッジマンの技術によって，1955年にほんとうに合成品のダイヤモンドが初めてつくられた．

---

[*] 通常はこのような高圧下の形態は，圧力が除かれるとすぐに通常の形態にもどる．ダイヤモンドは例外である．

無機化学と有機化学の境界領域

20世紀と共に有機化学と無機化学の広大な境界領域が開けてきた.

1899年にイギリスの化学者キッピング (1863-1949) は, 地殻の中では酸素についで広く分布している元素である, ケイ素を含む有機化合物の研究に着手した. 40年の間に, 彼は無機界に典型的なこれらの元素の一つまたはそれ以上を含む数多くの有機化合物を合成することに成功した. 実際, ケイ素と酸素が交互に並んでいる無限に長い鎖をつくることも可能となった.

この仕事は全く無機化学的であると考えられるが, それぞれのケイ素原子は原子価4であるのに, そのうちの2つだけが酸素との結合に用いられているにすぎない. 残る2つの原子価は, さまざまの有機原子団のどれと結合してもよい. 第二次世界大戦中およびそれ以後は, このような無機物と有機物の中間にあるシリコーンは, グリース, 水圧機の動作流体, 合成ゴム, 撥水剤その他として重要になってきた.

通常の有機化合物は炭素原子と, それに結合した他の原子からなる. 一般に, 大部分の「他の原子」は水素であるから, 有機化合物は炭化水素とその誘導体と言ってよい. フッ素原子は水素原子とほとんど同じ大きさで, 水素原子に適合している場所ならどこでも適合する. 即ち炭化フッ素とその誘導体の体系が存在するはずである.

フッ素有機化合物の初期の実験研究者はアメリカの化学

者ミジリー (1889-1944) であった. 1930 年に彼は, 2 つのフッ素原子と 2 つの塩素原子が結合している炭素原子からなる分子をもったフロンを合成した. これは容易に液化されるので, 他の液化されやすいアンモニア, 二酸化イオウの代わりに, 冷媒として用いられる. これらと異なってフロンは無臭で毒性がなく, 全く引火性もない. 今日では家庭用電気冷蔵庫およびエアー・コンディショナーに世界中で用いられている.

第二次世界大戦中に, フッ素とフッ素化合物は, ウランと原子爆弾の関係の仕事に用いられた (306 頁参照). フッ素に侵されないグリースが必要であったが, このためにはすでにフッ素によって (いわば) 最大限に攻撃されてしまっている炭化フッ素が用いられた.

フッ素は炭素と極めて強い結合をつくり, 炭化フッ素の鎖は炭化水素の鎖よりもはるかに安定である. 炭化フッ素高分子はろう状で, 撥水性があり, 溶媒に侵されず, 電気絶縁性がある. 炭化フッ素プラスチックの一種 (テフロン) は 1960 年代になって, フライパンの内側に膜をはるために用いられた. これ以後フライパンに油をひく必要はなくなった.

炭素原子がなくても, 極めて複雑な無機化合物が作られる可能性がある. ドイツの化学者ストック (1876-1946) は 1909 年に水素化ホウ素 (ホウ素と水素の化合物) の研究を始めた. 彼はある面では炭化水素に類似した極めて複雑な化合物の群をつくり得ることを発見した.

第二次世界大戦以来，水素化ホウ素には，ロケットを高空，さらには宇宙空間に送りこむ推進力を増すためのロケット燃料添加剤として思いがけない用途が開けて来た．さらに水素化ホウ素は，ケクレによって初めて工夫された形の通常の式（127頁参照）では，この化合物の構造を説明することができないという点で，理論的にも興味深いものとなった．

　これらすべての業績はいずれも天才的な頭脳と惜しみない努力によって達成されたものであり，また現代生活に不可欠のものではあるけれども，20世紀科学の最も重要な流れからははずれている．純粋科学者たちは原子の表面の下を調べていた．ここに何が見いだされたかを見るために，われわれはこの本の残りの部分では，化学の歴史の本流にもどることにしよう．

第12章 電　子

陰極線

　レウキッポスと彼の弟子のデモクリトスが，初めて原子の概念を唱えたとき（24頁参照），彼らは原子を，これ以上分割不能な究極的粒子であると考えた．2000年以上もたった後でも，ドルトンはこの見解を保持していた（97頁参照）．その定義からしても，原子は内部構造を持たないと考える必要があるように思われた．もし原子がさらに小さい実在に分割できるものであるならば，この小さいほうの実在が真の原子になるのではないだろうか．

　19世紀を通じて，原子は特徴のない，内部構造のない，分割することのできない粒子である，というこの見解が引き続いてとられてきた．この見解が破れたのは，本質的には全く化学的とはいえない実験によってであった．それは，むしろ電流の研究によるものであった．

　もし正電荷がある場所に集中し，負電荷が他の場所に集中すると，この二つの場所の間に電位がつくられる．この電位の駆動力によって，電気が電荷の集中している一点から他の一点に流れて，電荷の密度を平均化する傾向があ

る.

　電流は,ある種の物体を他種の物体よりも容易に通り抜ける.たとえば,種々の金属は**導体**であって,それらを通じては小さな電位でも電流を流すことができる.ガラス,雲母,イオウのような物質は**不導体**または**絶縁体**であって,これらを通じては小さな電流を流すためにも,巨大な電位を必要とする.

　それにもかかわらず,もし充分な電位を与えるならば,電流は,固体,液体,気体であるとを問わず,どのような物体を通しても流れるようになる.ある種の液体(たとえば食塩水)は,初期の実験者が知ったように,極めて容易に電流を伝える.さらにまた稲妻は何マイルもの空気をつらぬいて,一瞬のうちに流れる電流に他ならない.

　19世紀の実験科学者がさらに一歩前進して,電流を真空を通して流そうと試みたのは,もっとものことであった.しかし,意味のある結果を得るためには,電流が通るときに(もし通るものなら)物質との交渉がほとんど起こらないような充分に良い真空を得る必要があった.

　電流を真空を通して流そうというファラデーの試みは,良い真空を得ることができなかったために失敗した.ところが1855年に,ドイツのガラス細工師ガイスラー(1814-79)は,それまでに得られたどの真空よりもよい真空を得る方法を考案した.彼はガラスの装置をつくり,それを真空にした.彼の友人であるドイツの物理学者プリュッカー(1801-68)は電気の実験に,このような**ガイスラー**

管を用いた.

プリュッカーは，このような管に二つの電極を封じ込め，この極の間に電位をつくり，電流を流すのに成功した．電流は管の内部で輝き（グロー）を発し，またこのような効果は真空がどのくらい良いかによって変化した．もし真空が極めて良いと，グローは薄れるが，陽極の周りの管のガラスは緑色の光を放った．

イギリスの物理学者クルックス（1832-1919）は1875年までに，真空中の電流がもっと容易に研究できるようないっそう良い真空管（**クルックス管**）を考案した．電流が陰極から出発して陽極に達し，ここで近くのガラスに衝突して光のグローを生じたのは明らかであった．クルックスは小さい金属板を管の中におき，これが陰極の反対側のガラスに影を投ずることを示して，そのことを証明した[*].

しかし，当時物理学者たちは電流の本性をまだ知っていなかったので，陰極から陽極に向かって流れるものが何であるかを語ることは容易ではなかった．その本体が何であるにしても，それは直線状に動く（鋭い影を投げるので）のであり，したがってわれわれはその本性について何らかの結論を出さなくても，それを「放射線」と呼ぶこ

---

[*] ベンジャミン・フランクリンに始まった18及び19両世紀における電気の実験では，電流は便宜的に陽極と名づけられた電荷の集まりから，陰極と呼ばれる電荷の集まりに流れると仮定された（102頁参照）．この実験においてクルックスは，この仮定は誤りであって，事実は電流は陰極から陽極に向かうことを示したのであった．

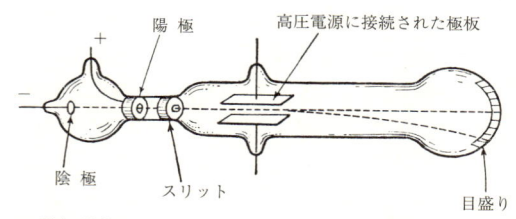

20 図 陰極線管によってトムソンは，既知の電場の中での電子線の曲がりを測定することができた．電子の流れは極板の間を通り抜けるとき，その電場によって進路を曲げられ，目盛りに沿って光点が動く．

とはできた．実際 1876 年に，ドイツの物理学者ゴルトシュタイン（1850-1930）は，この流れを陰極線と名づけた．陰極線は一種の光であって，本性は波であると想定しても不自然ではなかった．波は光のように一直線に進み，それはまた光のように重力に影響されないと思われた．一方，陰極線は，高速度の粒子から成っており，その粒子は極めて軽いためか，極めて速いために（またはその双方のために），重力によって全然，または検知できないほどわずかしか，影響されないと推論することもできた．数十年にわたってこの問題は激しい論争の的であったが，ドイツの物理学者は波動説を，イギリスの物理学者は粒子説を強く支持した．

二つの説のいずれが正しいかを定める一つの方法は，磁力の作用によって陰極線が一つの方向に曲げられるか否かを見ることであった．粒子自身が磁石であるかもしれない

し，電荷をもっているかもしれない．いずれの場合でも，波よりは容易に磁場によって曲げられるであろう．

プリュッカー自身，この進路の曲がりを観察したし，クルックスも独立にこれを成し遂げた．しかし，そこにはなお一つの疑問があった．もし陰極線が電荷粒子からなりたっているとしたら，電場もこの進路を曲げることができるはずであるが，初めはこの効果を実証することはできなかった．

ところが1897年に，きわめて低い真空度の真空管を用いて仕事をしていたイギリスの物理学者トムソン (1856-1940) は電場による陰極線の曲がりを観測することについに成功した（20図）．これは証拠の鎖の最終の結び目であって，陰極線は負に帯電した粒子の流れであると認めざるを得なかった．ある定まった強度の磁場の中で陰極線粒子が曲げられる大きさは，粒子の質量と電荷の大きさによってきまる．このようにして，トムソンは，質量と電荷を別々に測定はできなかったが，両者の比を測定することができた．

その時知られていた最小の質量は水素原子であって，もし陰極線粒子がその程度の質量をもっていると仮定するならば，この粒子は知られている最小の電荷（水素イオンのそれ）の数百倍の電荷を持っていなければならないと推論された．これに反して，もし陰極性粒子が，イオンの中での最小の電荷を持つと仮定するならば，その質量は水素原子のごく小部分にすぎないことになる．トムソンの

決定した質量と電荷の比から，このどちらかが成立しなければならなかった．

後者の説明がまさっていて，陰極線粒子はどの原子よりもはるかに小さいと考える充分な理由があった．

このことは1911年，アメリカの物理学者ミリカン（1868-1953）によって確証された．彼はこの粒子によって運ばれる最小の電荷を極めて正確に測定することに成功した．

もしこの電荷が陰極線粒子に運ばれたとするならば，その質量は水素原子のわずか1/1837にすぎないことになった．そこで，この粒子は**原子より小さい粒子**の中で最初に発見されたものとなった．

ファラデーの電気分解の法則の発見以来（117頁参照），電気は粒子によって運ばれると考えられてきた．1891年にアイルランドの物理学者ストーニー（1826-1911）は，粒子であるかどうかは別として，電気の基本単位に対して，あえて名前を提案していた．彼は**電子**という名を提案した．

このように半世紀以上もあれこれ推測されてきた「電気の原子」は，ついに，いまここに陰極線の粒子として見いだされたのである．この陰極線粒子はストーニーの提案のように，電子とよばれるようになった．そしてトムソンは電子の発見者と考えられている．

光電効果

電子と原子との間には何らかの関係があるかどうかとい

う問題は，まだ解決されずに残っていた．電子は電気の粒子であり，原子は物質の粒子であって，しかもこの二つは共に内部構造を持たない究極的な粒子であって，互いに全く無関係であるのかもしれなかった．

しかしながら，互いに完全に無関係ということがありえないことは明らかのようであった．1880年代にアレニウスはイオン解離の理論を発表した（202頁参照）．彼はイオンの挙動を電荷をもった原子または原子団と仮定して説明した．当時この考え方は多くの化学者にとって馬鹿げたものであった．しかしもう馬鹿げた考えではなくなった．

1個の電子が1個の塩素原子についたと考えよう．この場合，1単位の負電荷をもった塩素原子が得られることになるが，これが**塩化物イオン**である．もし2個の電子が1個のイオウ原子と4個の酸素原子からできている原子団につけば，生じるものは2個の**硫酸イオン**である．このようにしてすべての陰イオンを容易に説明することができた．

しかし正電荷をもったイオンを，どのように説明できるのであろうか．たとえば，**ナトリウムイオン**は1単位の正電荷をもったイオンである．電子と全く同類で正電荷をもった粒子は当時知られていなかったので，原子がそのような正電荷を帯びた粒子に付加したと簡単に考えることができなかった．

これに代わる説明は，原子から原子自身の一部として存在していた電子の1個または2個をうばうことによって

正電荷が生じるという説明であった.

　この革命的な可能性は, 1888 年にドイツの物理学者ヘルツ (1857-94) が, 彼をラジオ波の発見に導いた実験中に観察した現象によって, ますます確からしいものとなった.

　2つの極板の間の空気のすき間に電気火花を送ると, 陰極に紫外線が光るときには, 火花はより容易に放出されることをヘルツは発見した. 金属に投げかけられた光の輝きによってひき起こされる他の電気的効果を含めて, この効果はのちに光電効果とよばれるようになった.

　1902 年に, ドイツの物理学者で, 若いころヘルツの実験室で助手をつとめていたレナルト (1862-1947) は, 光電効果は金属からの電子の放出によってひき起こされることを示した.

　多くの種類の金属が光電効果を示すが, これらのすべての金属は, 近くに電流や電荷が全くなくても, 光が衝突するとただちに電子を放出することができた. したがって金属原子は (したがっておそらくすべての原子は) 電子を含んでいると考えるのが合理的であるように思われた.

　しかしながら, 普通の状態では原子は電荷を持ってはいなかった. もし原子が負電荷をもった電子を含んでいるのであれば, 原子はそれにつり合うだけの正電荷を持っているはずである. レナルトは原子は電荷の符号を除いては他のすべての点で等しい, 正電荷をもった粒子と負電荷をもった粒子の雲からできていると考えた. しかし, この可能

性は極めて少なかった，というのも，もしそうであるならば，原子がなぜ正電荷を帯びた粒子を放出しないか，の説明がつかない．なぜいつも，そしてただ電子だけが放出されるのであろうか？

トムソンは原子は，パンケーキの中の乾ぶどうのように，負電荷をもった粒子がつきささっている正電荷をもつ固い球状の物体ではないかと提案した．普通の状態の原子では，電子の負電荷と原子自身の正電荷はちょうど打ち消しあった．電子をさらに加えると，原子は負電荷を得る．これに対して原子が本来もっている電子を失うと正電荷を得る．

しかしながら，固い，正電荷をもった原子の概念はあまりすっきりとはしなかった．ところが正電荷をもつ電子に相当する粒子は20世紀初期には知られていなかったのに，他の正電荷をもった粒子が発見されたのである．

1886年に（陰極線の名づけ親である）ゴルトシュタインは真空管中で，穴の開いた陰極を用いた実験を行なった．陰極線が陽極の方向に向かって放たれると，別の線が陰極の穴を通って反対方向にひろがっていった．

この別の線は負電荷をもった陰極線と反対方向に移動したので，正電荷を帯びていると考えられた．この仮説は，磁場によって方向が曲がる様子の研究がなされた時に証明された．1907年にトムソンはこれを**陽極線**と名づけた．

陽極線は電子とは電荷以外の点でも異なっていた．すべての電子はひとしい質量をもっているが，陽極線の粒子

は，真空管の中にどんな気体が（微量ではあるが）入っていたかによって，異なる質量をもっていた．さらに電子がもっとも軽い原子と比較してもわずかその 1/1837 の質量しかないのに，陽極線の粒子は原子程度の質量があった．最も軽い陽極線粒子でも水素原子ほどの大きさがあった．

ニュージーランド生まれの物理学者ラザフォード（1871-1937）は，正電荷の単位は，負電荷の単位である電子とは全く異なった粒子であるという事実を受け入れることに決心した．1914 年に彼は水素原子と同じ質量の最小の陽極線粒子を正電荷の基本単位とすることを提案した．彼は後に核反応の実験を行なっているときに，しばしばつくった水素の原子核が，この粒子と同一であることを発見して，自らの見解の正しいことを確かめた（292 頁参照）．1920 年にラザフォードはこの正電荷の単位粒子は**陽子**（プロトン）とよばれるべきことを提案した．

放射能

正電荷を帯びた粒子は，まったく別な実験の分野にも現われた．

ドイツの物理学者レントゲン（1845-1923）は，陰極線がある種の化学薬品を発光させうる力に興味をもっていた．生じるかすかな光を観察するために，彼は実験室を暗くして，真空管を薄い，黒い紙の箱におさめた．1895 年のこと，彼はそのような管を用いて実験していたとき，管から発せられたのではない一筋の光が目に入った．管から

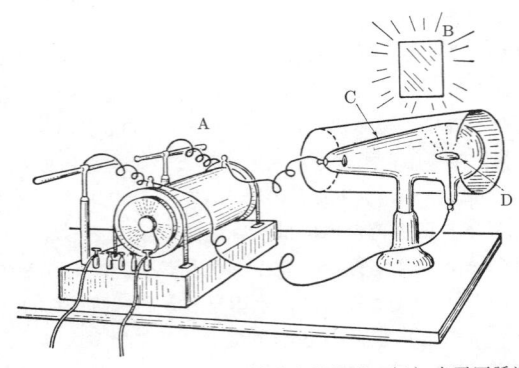

21 図 レントゲンの用いた X 線発生装置は，(A) 高電圧誘導コイル，(B) 光があたると発光するシアン化白金バリウムを塗った紙，(C) 円筒形の黒い厚紙におおわれた管，(D) 電子を発する陰極，からなっていた．

かなり離れたところに化学薬品を塗った紙があり，それが光を放っていた．この紙は陰極線が作用しているときだけしか光らなかった．

　レントゲンは陰極線が陽極にぶつかると，管のガラスや周りの紙を通り抜けることができる一種の放射線が生じ，これが外部の物質にあたると考えた．実際，彼がその薬品を塗った紙を次の部屋までもっていっても，陰極線が作用していれば必ず光を発していた．したがって放射線は壁をつらぬくと結論せざるを得なかった．レントゲンはこの放射線を**エックス線**とよんだが，この名は今日なお用いられている．（後に，エックス線の本性は光の波であるが，光

よりはエネルギーに富んでいることがわかった.）(21 図)

物理学界はこのエックス線にただちに大きな興味を示した．そして，これに関連する実験を始めた人の中に，フランスの物理学者ベクレル (1852-1908) がいた．彼はある種の化学薬品が太陽の光の下で，そのものに特有の光を発する能力（**蛍光**）に興味をもっていた．彼は蛍光がエックス線を含んでいるのではないかと考えた．

1896 年に，ベクレルは写真フィルムを黒い紙に包み，ウラン化合物の結晶を一つその上にのせたまま太陽の下に置いた．ウラン化合物の結晶は蛍光性物質であるが，もし蛍光が普通の光であるならば，この光は黒い紙を通り抜けず，したがって写真フィルムを感光させないと考えられた．もしエックス線が存在すれば，紙をつらぬいてフィルムを感光させるはずであった．ベクレルはまさしく彼のフィルムが感光するのを見た．しかし彼は，結晶を太陽にさらして蛍光を出させなくても，写真フィルムはいつも感光することを発見した．要するにこの結晶は，ものをつき抜ける放射線をたえず放出していたのである！

世界最初の高名な女性科学者マリー・キュリー (1867-1934) はこの現象に**放射能**の名を与えた．彼女は放射能を有するのはウラン化合物全体ではなく，特にウラン原子だけであることを決定した．ウラン原子が金属原子として存在していようと，どのような化合物の中に結合状態にあろうと，それは放射能をもっていた．1898 年に，彼女は重金属トリウムもまた放射能をもつことを発見した．ポーラ

ンド生まれのキュリー夫人は,著名な物理学者であるフランス人の夫ピエール・キュリーの助けを得て研究を行なった.

ウランおよびトリウムによって放出される放射線の本性は,極めて複雑であることが,ほどなく明らかとなった.この放射線を磁場の中を通過させると,一部は一方向にわずかに曲げられ,一部は反対方向に強く曲げられ,また他の一部は磁場の影響をうけなかった.ラザフォードはこの放射線の三つの成分にそれぞれ**アルファ線**,**ベータ線**,**ガンマ線**という名を,ギリシア語のアルファベットの初めの3文字からとって与えた.

ガンマ線は磁場に影響されなかったので,これはエックス線と同じような,ただしもっとエネルギーの高い波動であると決まった.ベータ線は陰極線と同じ方向に,同じ大きさだけ曲げられた.ベクレルはこれらの線は加速された電子からなると定めた.そこで,放射性物質から放出される電子の一つ一つは**ベータ粒子**と呼ばれる.残された問題はアルファ線の本性が何かということであった.

アルファ線に磁場をかける実験によれば,それが曲げられる方向はベータ線の方向と反対であった.したがってアルファ線は正電荷をもっていなければならなかった.またごくわずかしか曲げられなかったので,その質量はかなり大きいはずである.事実,それはラザフォードが陽子と名づけた粒子の4倍の質量をもっていた.

この質量比から,アルファ線は4個の陽子からなる粒

子であることを示していた．しかしもしそうならば，その粒子の1個は4個の陽子に相当する正電荷をもたねばならないのに，実際はその電荷は2個の陽子の電荷に等しいことが見いだされた．このためにアルファ粒子は4個の陽子のほかに2個の電子を含むと仮定しなければならなかった．この電子は2個の正電荷を打ち消しはするが，質量にはほとんど何の影響も及ぼさないであろう．

ほぼ30年にわたって，このような陽子と電子との結合体がアルファ粒子の構造であると信じられてきた．他の，大きな質量と正電荷をもつ粒子も同様な結合の構造をもつと考えられた．しかし，この考え方には問題があった．アルファ粒子が合計6個の小粒子からなっている，という考え方が疑わしいという理論的理由があった．

やがて1932年に，イギリスの物理学者チャドウィック（1891-1974）は，ラザフォードによって示された実験で，陽子と同じ質量をもってはいるが，全く電荷をもたない粒子を発見した．電気的に中性なので，これは**中性子**と呼ばれた．

ドイツの物理学者ハイゼンベルク（1901-76）は，正電荷をもつ質量の大きい粒子をつくっているのは陽子と電子の結合体ではなく，陽子と中性子の結合体であることをただちに指摘した．この考え方によれば，アルファ粒子は2個の陽子と2個の中性子をもつことによって，2個の正電荷と1個の陽子の4倍の質量を有することになる．

物理学者たちは6個ではなくむしろ，4個の小粒子から

なるアルファ粒子が彼らの理論によく適合することを見いだした.陽子と中性子の構造は以来ひろく認められることになった.

第13章　核をもった原子

原子番号

　ウランおよびトリウムによって生じる放射線は極めて弱く，研究も困難であった．しかしこの困難はキュリー夫人によって克服された．ウラン鉱物の放射能の研究中，彼女はウラン含有量が低いにもかかわらず放射能の極めて強い，それがたとえ純粋のウランであったとしても，それよりもさらに強い鉱石を発見した．

　彼女はこの鉱石はウラン以外の放射性元素を含んでいるにちがいないという結論に達した．彼女はこの鉱石に相当量含まれている成分をすべて知っていたし，またそれらのすべてが放射能をもっていなかったので，未知の元素は，ごく少量含まれているにすぎず，したがって極めて強い放射能をもっているにちがいなかった．

　1898年を通じて，彼女とその夫は大量の鉱石を処理して放射能を濃縮し，新元素を遊離しようと夢中になって働いた．7月に一つの新元素が見いだされ，キュリー夫人の祖国ポーランドにちなんでポロニウムと命名された．また，12月には第二の新元素ラジウムが発見された．

とくにラジウムは極めて放射能が強く,同じ質量のウランの30万倍もの量の放射線を放った.その上,ラジウムは全くわずかしか存在しなかった.何トンもの鉱石から,キュリー夫妻はわずかに0.1グラムほどのラジウムを得ることができたにすぎなかった.

ごく微量ではあるが,他の強い放射能をもつ元素も発見された.1899年には,フランスの化学者ドビエルヌ(1874-1949)は**アクチニウム**を発見した.1900年には,ドイツの物理学者ドルン(1848-1916)は,後にラドンと呼ばれるようになった放射性気体を発見した.これは不活性ガス(179頁参照)の一つで,周期表中キセノンの下に位置した.最後に1917年には,ドイツの化学者ハーン(1879-1968)とマイトナー(1878-1968)は**プロトアクチニウム**を発見した.

実験科学者たちは,これらの極小量しかないけれども極めて放射能の強い元素を「粒子銃」として用いた.鉛は放射線を吸収する.これらの放射性元素の少量を含んでいる物質を,穴のある鉛張りの箱の中に置くと,ほとんどすべての飛び出した粒子は鉛に吸収されてしまう.しかし,一部の放射線はその穴を通り抜けて,エネルギーに富んだ多くの粒子の流れとなり,ある目標に向かって投げつけることができる.

このような「粒子銃」を最も有効に利用したのはラザフォードであった.1906年に始まる実験で,ラザフォードは,高速度のアルファ粒子で金属(金などの)の薄膜を照

射した．ほとんどのアルファ粒子は何の影響もうけず，方向を変えることもなくきれいに通り抜け，背後に置かれた写真乾板にその影響が記録された．しかし，一部の粒子は時には大きな角度で散乱させられた．

標的として用いられた金箔は原子 2000 個分の厚さがあるのに，ほとんどのアルファ粒子がそれらに触れることなく通り抜けるので，原子はほとんどが空虚な空間であるように思われた．一部のアルファ粒子は鋭く曲げられるから，原子のどこかに，正電荷を帯びたアルファ粒子の進路を曲げることのできる，質量の大きい，正電荷を帯びた領域があることを意味した．

そこで，ラザフォードは**核をもった原子**の理論を展開した．彼は原子はその中心に正電荷をもち，またすべての陽子（さらに後に発見されたように，中性子）をもつ，極めて小さい核を含んでいると結論した．曲げられたアルファ粒子の数が極めて小さいことを説明するためには**原子核**は極めて小さいはずであり，しかもそれは原子の質量のほとんどすべてを含んでいなければならなかった．

原子の外側には負電荷を帯びた電子が存在するが，それらはアルファ粒子の通過を食いとめる障壁となるには軽すぎる．陽子やアルファ粒子は原子核ほどの重さがあるが，それらは実際ははだかの原子核である．これらは原子に比べて極めて小さい空間を占めるだけなので，その質量が大きいにもかかわらず，原子よりも小さい粒子と考えられる．

ラザフォードの，核をもった原子は，原子の不可分性という疑問に対して新たな微妙な観点を加えた．原子の心臓ともいうべき中心原子核は電子の雲にとりかこまれ，守られている．1890年代以前のすべての実験的証拠が不可分の原子の概念をさし示すようにみえたのは，このように原子核が一見永遠の安定性をもつために他ならなかった．

しかし，原子は通常の化学反応の際にも，一種の変化をうけた．電子雲の大部分はそのままであったが，すべてがそうではなかった．一部の電子は原子の「表面」から失われたり，そこに加えられたりした．このようにして，三世代にわたる化学者を悩ませたイオンの問題もついに解決された．

核をもった原子が認められれば，次に起こるのは，なぜ一つの元素の核をもった原子は他の元素のそれと異なるのであろうかという問題である．

ドルトンの時代以来，原子が異なれば，質量も異なることが知られていたが（97頁参照），この相違は，核をもつ原子をつくっている，原子より小さい粒子に，どのように反映しているのであろうか？

この問いに対する解答のきっかけは，X線の研究にあった．ドイツの物理学者ラウエ（1879-1960）は1909年に，結晶をX線で照射する研究を始めた．これらの古典的研究によって，二つの重要な事実が確立された．結晶は規則的な層をなしている幾何構造を保って配列されている原子からなり，この層はX線をある様式（パターン）に

散乱させる．X線が散乱される（または回折される）様子から，X線をつくっている小さな波の大きさ（**波長**）を決めることができる．

次いで，イギリスの物理学者バークラ（1877-1944）は1911年に，X線がある特定の元素によって散乱されると，特定の量だけ物質に浸透するX線の流れが生ずることを発見した．各元素はそれぞれに特有な波長の**特性X線**を生じる．もう一人のイギリスの物理学者モーズリー（1887-1915）は，これらの特性X線の波長を求めるのに，ラウエの方法を用いた．1913年に彼は，これらのX線の波長は，これを生ずる元素の原子量が増加するにつれて，なだらかに減少することを発見した．モーズリーは，この反比例関係は原子の核にある正電荷の大きさに依存すると論じた．電荷が大きければ大きいほど，特性X線の波長は短い．

実際に，その波長を知れば，特定の元素の原子に対しても，その電荷がどれだけかを計算することができた．たとえば，水素は+1の，ヘリウムは+2の，リチウムは+3の，それらに続いてウランの+92にいたるまでの電荷をもつことが明らかになった[*]．

核の電荷の大きさを**原子番号**とよぶ．メンデレーエフが元素を，原子量と考えられていたものの順序に配列したとき，実は彼は元素を原子番号の順に並べていたのだ，とい

---

[*] これらの数は，陽子の電荷を+1，電子の電荷を−1と随意に定めた標準に基づいている．

うことが初めて理解された．二，三の場合に，彼は質量のより大きい原子を，質量のより小さい原子の前方に置いたが（169頁参照），まもなく説明するような理由によって，質量のより小さいほうの原子がより大きい原子番号をもっていたのである．

こうしてついに，元素は，それよりも簡単な物質に分解されないような物質である，というボイルの実際的な定義を，構造的な定義で置きかえることが可能になった．20世紀における元素の定義によれば，元素とは，すべてが同一で固有の原子番号をもっている原子からなる物質，といわれるであろう．

また，どれだけの元素が発見されずに残っているか，を正確に予測することも初めて可能となった．1913年には，7個の原子番号——原子番号43，61，72，75，85，87，91——を除いて，原子番号1から92までは，既知の元素ですでに占められていた．1917年に，プロトアクチニウム（原子番号91）が発見された．1923年にはハフニウム（原子番号72）が，1925年にはレニウム（原子番号75）が発見された．そのとき，原子番号43，61，85，87のただ4個所が，周期表の中で空席として残っていた．あと4つの元素だけが発見されずに残っていると考えられたが，その空席は1930年代になってもそのままであった（298頁参照）．

陽子は，原子核の中でただ1個の正電荷を帯びている粒子であるから，原子番号は，核の中の陽子の数に等し

い．原子番号 13 のアルミニウムは，その核の中に 13 個の陽子を含んでいるはずである．しかしその原子量は 27 であるから，それは（後に明らかになったように），核の中に 14 個の中性子を含むはずである．中性子は質量に寄与するが，電荷には寄与しない．同様に，原子番号 11，原子量 23 のナトリウムは，11 個の陽子と 12 個の中性子からなる核を持つべきである．（陽子も中性子も，共に核の中に見いだされるので，これらはまとめて**核子**とよばれる．）

原子は通常の状態において電気的に中性である．このことは，核の中の陽子 1 個に対して，核の外側に電子が 1 個存在しなければならないことを意味する．したがって，中性の原子のもつ電子は，原子番号に等しい．水素原子は 1 個の，ナトリウムは 11 個の，ウランは 92 個の電子を含んでいる[*]．

電子殻

2 個の原子が衝突して反応すると，この 2 つはいくつかの電子を共有して結びあうか，1 つまたはそれ以上の電子を，一方から他方に移動させた後，また離れる．化学変化を行なっている物質の性質に認められる変化をひき起こす

---

[*] もちろん，陽イオンは電子を失い，それに対して陰イオンは電子を得ている．ナトリウムイオンは，それの原子番号よりも少ない電子をもつのに対して，塩化物イオンは，その原子番号よりも多くの電子をもっている．

ものは，この電子の共有や移動である．

このような電子の変化が起こる際に，ある一定の秩序が初めて認められたのは，特性X線に関して注意深くなされた研究においてであった．この研究から，原子の中の電子は，**電子殻**と考えてもよいような，群をなした状態で存在している，という考え方が生じてきた．電子の殻は輪切り玉ねぎの一つ一つの輪のように，核を包んでいて，それぞれの殻を比較すると，外側の殻は内側の殻よりも多くの電子を含むことができる，と考えれば理解しやすい．各々の殻は，K, L, M, N などと符号をつけられた．

最も内側にあるK殻は，ただ2個の電子を含むことができる．L殻は8個，M殻は18個までの電子を含むことができる．この考え方によって，周期表が最終的に説明されるようになった．

たとえば，リチウム原子の3個の電子は，電子の殻に2・1と配列されている．ナトリウム原子の11個の電子は，2・8・1と，カリウム原子の19の電子は，2・8・8・1と配列されている．各々のアルカリ金属は，電子の入っている最も外側の殻に，ただ1つの電子しか入らないような電子配置をもっている．

衝突の際に，他の原子と接触するのは，最外殻の電子であるから，ある元素の化学反応性を決定すると予想されるのは，この最外殻にある電子の数である．類似の最外殻をもつ，異なった元素は，類似の性質を示すであろう．さまざまのアルカリ金属が，極めてよく似た性質を示すのは，

まさにこのためである．

　全く同様に，すべて最外殻に2個の電子をもつアルカリ土類金属元素（マグネシウム，カルシウム，ストロンチウム，バリウム）は互いに類似している．ハロゲン（フッ素，塩素，臭素，ヨウ素）はすべて，最外殻に7個の電子を持つのに対して，ヘリウム以外の不活性ガス（ネオン，アルゴン，クリプトン，キセノン）はすべて8個の電子を持つ．

　実際メンデレーエフは，周期表をつくるのに際して，もちろんこれらのことは知らなかったのであるが，電子の殻に応じて原子を配列する仕方と一致するように，元素を行と列の中に配列したのであった．

　原子がだんだん重くなると，その中にある電子の数が増すために，電子の殻は重なりあうようになる．原子番号が続いている原子でも，内側の殻の中の電子はふえるが，最外殻の中の電子数は変わらない場合がある．この種の電子配置は，特に原子番号が57から71にいたる範囲の希土類元素において見られる．周期表での順位にしたがって原子番号が増すにつれて，内側の殻の電子は増加するが，すべての希土類は，最外殻には3個の電子をもっている．この希土類元素の性質が，全く思いがけないほどよく性質が似ているのは，このように最外殻が類似しているために他ならない．

　メンデレーエフは，彼にとってなお未知であった電子配置によってではなく，むしろ各種の元素の原子価を考慮す

ることによって周期表をつくったのであった．そこで，元素の原子価は，その電子配置によって決まると考えることは理に合っていると思われた．

1904年にドイツの化学者アベッグ（1869-1910）は，不活性ガスは最も安定な電子配置をもっているにちがいないと指摘した．不活性ガスは，この電子数を増したり，減じたりする傾向を全く持たなかったが，これらの元素が化学反応にあずからなかった理由はそこにあった．この点から考えると，他の原子はおそらくこの不活性ガスの電子配置を得ようとして，電子を失ったり，得たりするのであろう．

たとえば，ナトリウムの11個の電子は2・8・1と並び，塩素の17個の電子は2・8・7と並んでいる．もしナトリウムが1個の電子を失い，塩素が1個の電子を得るならば，前者は2・8のネオンの電子配置を，後者は2・8・8のアルゴンの電子配置を得ることになる．

ナトリウム原子は，負電荷をもった電子を失って，もちろん，正電荷をもったナトリウムイオンとなる．塩素は電子を得て，負電荷をもつようになり，塩化物イオンとなる．この2つのイオンは，1世紀も前にベルセーリウスが考えたように（134頁参照），正，負両電荷の静電引力によって，互いに結びあうようになる（**イオン結合**）．

このように考えれば，なぜナトリウムの原子価が1であるかは明らかである．ナトリウム原子は，この安定な2・8の電子配置をこわさずに，1個以上の電子を失うこ

とはできない．塩素も1個以上の電子を受けとることはできない．これに対して，2・8・8・2の電子配置をもつカルシウムは，2個の電子を失う傾向があり，2・6の電子配置をもつ酸素は，2個の電子を受けとる傾向がある．当然この二つの元素の原子価は2である．

ついでながら，電荷をある一カ所に集めることを可能にするのは，このような電子移動に他ならない．したがって，すでに1世紀も前にヴォルタが発見したように（102頁参照），化学反応を電流を得る源として用いることができるのである．

電子を中心にして考えれば，当量とは，1個の電子がこの種の移動を行なう際に関与する，元素の相対的質量を表わすものになる．要するに，当量は，原子量を原子価で割ったものであり（140頁参照），別の言葉で言えば，原子量を移動した電子の数で割ったものである．

しかし，アベッグの提案は，電子が1つの原子から他の原子に完全に移動して，その結果静電引力によって結合する電荷を帯びたイオンを生じる場合についてだけを考慮の対象にしたものであった．これは**イオン原子価**の概念である．二人のアメリカの化学者ルイス（1875-1946）とラングミュア（1881-1957）は，1916年に続く数年間に，互いに独立にこの概念を拡張させた．彼らは，たとえば2個の塩素原子がしっかりと結合されている塩素分子の構造についての説明を試みた．確かに，2個の塩素原子のうちの1個が，他の原子に1個の電子を与える理由もないし，

また2つの原子が，通常の静電引力で結合しているはずもない．ベルセーリウスやアベッグの原子間引力の理論も，この場合には適用できない．

ルイス-ラングミュア説によれば，各々の原子は共通のプールに電子を1つずつ寄与できる．共通のプールの中の2個の電子は，両方の原子の最外殻にとどまる．そこで塩素分子の電子配置は，共有された電子を，各々の原子の電子の定員の一部と数えて，$2\cdot 8\cdot 6\cdot {1 \atop 1}\cdot 6\cdot 8\cdot 2$ のように書くことができる．各々の原子は，個々の塩素原子のはるかに不安定な 2・8・7 の電子配置の代わりに，2・8・8 の電子配置をもつことができる．塩素分子が，塩素の自由原子に比べて，はるかに安定なのはこのためである．

電子の共通のプールを，双方の原子の最外電子殻にとどめておくためには，2個の原子は接触していなければならず，これを引き離すためには，相当量のエネルギーを必要とする．このようなプールに供出された電子1個は，その電子を供出した原子について，原子価1を代表する．2個の原子が協力することを必要とするこの種の原子価は，**共有原子価**とよばれる．

ルイス-ラングミュア理論は，炭素原子と炭素原子，または炭素原子と水素原子の間の結合を同様によく説明できるので，有機化合物には特に便利な理論であった．ほとんどの有機化合物は，一般的にいってケクレの構造式の中

の，昔風の短い線を（141頁参照），一対の共有電子対でおきかえた**電子構造式**で容易に表わされるようになった．

事実，イギリスの化学者シジウィック（1873-1952）は，1920年代に，この電子対**共有結合**の概念を，無機化合物にまで拡張することができた．特に彼はこの概念を，通常のケクレ構造では表現することが困難であるような，ウェルナーの配位化合物（152頁参照）に適用した．

これらの化学変化のすべての場合において，電子だけが移動する．陽子は（ただ一つの場合を除いては），中心の原子核のなかに安全に保護されている．例外の場合は，1個の陽子からなる核をもっている水素の場合である．もし水素原子が，そのただ1つの電子を失ってイオン化されると陽子ははだかになる*)．

1923年にデンマークの化学者ブレーンステッド（1879-1947）は，酸・塩基の新しい理論を導入した（92頁参照）．酸は，陽子（水素イオン）を放ちやすい物質として，一方塩基は陽子と結合しやすい物質として定義された．この新しい見解は，古い見解によってすでに充分に説明されている，すべての事実を説明した．それ以外にも，この見解は古い見解が不適当であるような領域にも，酸・塩基の概念を拡張することを可能にするような，より大きな弾力性を

---

*) このようなはだかの陽子は極めて反応性にとみ，はだかの状態ではながくとどまらない．水溶液中では，それはたちまち水の分子に付着して，水分子に付加された正電荷をもつ水素原子，即ち，**オキソニウムイオン**（H_3O^+）が生ずる．

もつものであった.

共　鳴

　無機化学にみられる比較的小さい分子と，すみやかに起こるイオン反応は，研究の対象としてはかなり取り扱いやすいことがわかった．ラヴォアジエの時代からこのかた，化学者はこの種の反応の経路や，必要に応じて，これらを変える方法を予測することができた．しかし複雑な分子が関与し，速度も遅い有機化学反応の研究は，はるかに困難であった．そこでは，しばしば2つの物質がいくつもの仕方で反応できる場合があり，反応を特定の望む方向に導くためには，確実な知識によるよりも，むしろ熟練と直観に頼らなければならなかった．

　しかし，電子をもった原子の概念は，有機化学者が，彼らの領域を新しい眼で見なおすきっかけを与えた．1920年代の後半には，イギリスの化学者インゴルド(1893-1970)のような人たちは，有機反応を，一つの分子内の点から点への電子の移動によって説明する試みを始めた．そのような電子移動の方向と傾向を解釈する試みにおいて，物理化学的方法がさかんに用いられるようになった．**物理有機化学**は，一つの重要な研究分野になった．

　しかしながら，有機反応を，かたい小さな電子があちこちと動きまわる，ということで解釈するだけでは不充分であることが明らかとなった．そしてまた，ほどなくそうする必要もなくなった．

電子が発見されてから四分の一世紀の間は、電子は、小さな、かたい球であるとみなされていた。ところが1923年に、フランスの物理学者ド・ブロイ（1892-1987）は、電子（そして他のすべての粒子も）が波の性質をもっている、と考えてよい理論的根拠を示した。1920年代の終わりまでに、この見解は実験的にも証明された。

ポーリング（タンパク質や核酸のラセン構造を初めて唱えた人（221頁参照））は、そこで1930年代の初期に、有機反応を考える場合に電子の波動性を考慮に入れるための方法を発展させた。彼はルイス-ラングミュアの電子のプールは、波の相互作用として説明できることを示した。電子の波は重なり合って強めあい、互いに共鳴して、離れているときより結合しているときのほうがより安定な状態をつくる。

共鳴理論は、ケクレの時代から謎であり（127頁参照）、それ以後も引き続いて問題点であったベンゼンの構造の決定に、特に有用であった。通常書かれているように、ベンゼンの構造は、単結合と二重結合を交互にもった六角形である。ルイス-ラングミュア表示法では、2個の電子のプールと、4個の電子のプールが交互に並ぶことになった。ところがベンゼンは、二重結合、即ち4個の電子のプールを含むような他の化合物のもつ特性を、ほとんど全く持っていない。

ポーリングは、もし電子を波の形態として考えるならば、個々の電子はもはやある一点を占めると考える必要は

なく，むしろかなり広い範囲に「広がる」ことができることを示した．別の言葉でいえば，「電子の波」は，「玉つきの球」のような電子が占めると予期されるよりもはるかに広い場所にひろがることができた．もし分子が全く平たく，また対称的であるならば，このように「広がる」傾向は特に強められた．

ベンゼン分子は平たく，また対称的であるから，ポーリングは，ベンゼンの電子はその6個の炭素原子のすべてが同じように結合されるように，「広がる」ことを示した．これらの炭素原子を結ぶ結合は，単結合としても，二重結合としても表わすことはできず，むしろ二つの極端な構造の特に安定な平均的な一形態，即ち**共鳴混成体**として表わされる．

ベンゼンの構造以外にも，さまざまの問題点が共鳴理論により明らかとなった．たとえば，炭素原子の最外殻の中の4個の電子は，エネルギー特性の立場から見れば，すべてが等しいわけではない．したがって，炭素原子の電子のうち，どの電子が関与しているかによって，炭素原子とその近傍の原子との間で，わずかに異なった型の結合がありうるとも考えられよう．

ところが，4個の電子は，波動として互いに相互作用をもち，正確に同価な4個の「平均化された」結合をつくり，それらは正四面体の頂点に向かっている．このようにして，ファント・ホッフ－ル・ベルの正四面体原子（151頁参照）も電子の概念で説明された．

共鳴はまた，20世紀の初めにはじめて問題となってきた，一群のふしぎな化合物を理解することに役立った．

1900年に，ロシア系アメリカ人の化学者ゴンベルグ（1866-1947）は，6個のベンゼン環が結合した2個の炭素原子（1炭素原子あたり3個のベンゼン環）からなる分子をもつ化合物，ヘキサフェニルエタンを合成しようと試みていた．

彼の得たものは，予期したものではなく，極めて反応性にとむ化合物の着色溶液であった．いろいろの理由から，彼は，1個の炭素原子に3個のベンゼン環が結合した「半分の分子」，トリフェニルメチルを得たのだ，と結論せざるを得なかった．炭素原子の第4番目の原子価結合は，用いられないままであった．このような化合物は，分子から切りはなされた昔のラジカル（基）の一種に類似していた（132頁参照）．そこでこれを**遊離基**（フリー・ラジカル）と呼ぶようになった．

電子をもった原子の概念が導入されると，トリフェニルメチルのような遊離基は，古いケクレの考え方では用いられない結合をおくべきところに，対をつくっていない電子をもつものとして理解された．通常は，この種の不対電子は極めて不安定である．しかし，もし分子がトリフェニルメチルのように，平たく，しかも高度に対称的であるならば，結合に用いられなかった電子は，分子全体に「広がる」ことができ，こうして遊離基は安定化される．

有機反応が電子論的に研究されるようになると，一般に

反応には，遊離基が生ずるべき段階があるということが明らかになってきた．このような遊離基は，一般に共鳴によって安定化されず，ただ瞬間的に存在し得るだけであり，また容易には生成されない．ほとんどの有機反応の速さが極めて遅いのは，遊離基中間体の生成が困難なためである．

1925年から1950年にかけて，有機化学者は，有機反応をつくっている各段階の詳細——別の言葉で言えば反応機構について，かなりの洞察をもちうるようになってきた．何にもましてこの洞察の助けによって，現代の有機化学者は合成をすすめることができるようになり，先輩たちに手のでなかった複雑な分子を合成するようになった．

共鳴の概念は，有機化学にしか適用できないというものではない．水素化ホウ素は，古い見解ではきれいに説明できないような分子構造をもっていた．ホウ素原子は，その結合の目的に対しては不充分な少数の原子価結合（または電子）をもっているにすぎない．しかし，もし電子が波として適当に「広がる」ならば，理論的に可能な分子構造が考えられることになる．

1932年に，またもポーリングは，不活性ガスの原子は，それらが発見されてから三分の一世紀もの間仮定されていたほどには，結合をつくりにくくはないであろうと推論した．フッ素のような特別に反応性の強い原子とともに充分に加圧すると，化合物が生じ得ると予想された．

このポーリングの予想は，初めは注意されなかったが，

1962年に，不活性ガスのキセノンをフッ素と反応させることによって，**フッ化キセノン**が得られた．短期間のうちに，多くのフッ素または酸素のキセノン化合物，ならびにラドンおよびクリプトンについての一，二の化合物がつくられた．

半減期

原子の内部構造の研究は，新しい洞察や理解をもたらしたが，同時にそれは新しい課題を提供した．

1900年にクルックス（248頁参照）は，新しく合成されたウラン化合物の放射能は弱いけれども，放置しておくと，その放射性は次第に強まることを発見していた．1902年までには，ラザフォードと共同研究者のイギリス人の化学者ソディ（1877-1956）は，ウラン原子はアルファ粒子を出すにつれて，その性質が変わることを報告した．ウランは新しい原子となり，異なる放射能特性をもち，ウラン自身よりも強い放射線を放つのであった（よってクルックスの観察が説明される）．

この第二の原子も崩壊して，別種の原子を生じる．実際に，ウラン原子はラジウムやポロニウム（261頁参照）を含み，もはや放射性をもたない鉛で終わるような一連の放射性元素，即ち**壊変系列**の第一番目の元素であった．ラジウム，ポロニウム，その他の希産の放射性元素がウラン鉱物中に発見されたのはこのためであった．第二の壊変系列もまた，ウランに始まるが，第三の系列はトリウムから始

まる.

（このウランから鉛への壊変の事実からはボイルの元素の定義に従えば，ウランを元素と考えてはならないことになる．しかし，原子番号による新しい定義によれば，それはやはり元素であった．結局のところ，原子は実際に不可分のものではないのであるから，元素は必ずしも完全に不変のものではない．このことは——はるかに高度の学問的意味においてではあるが——昔の錬金術師の考えにもどったことを意味する．）

それにしても，もし放射性元素が絶えず壊変しているのであれば，なぜその一部が少しでも残って存在しているのであろうか，と問いたいのは当然である．この疑問を解いたのはラザフォードで，1904 年のことであった．放射性元素の壊変の速度の研究において，彼はどの放射性元素でも，それの任意の量の半分が壊変するまでには一定の期間——それは各元素によって異なるけれども——が経過することを示すことができた．それぞれの放射性物質に特有のこの期間を，ラザフォードは**半減期**とよんだ（22 図）．

たとえば，ラジウムの半減期は，ちょうど 1600 年たらずである．もしウランの壊変によって，ラジウムが絶えず新しく供給されなかったならば，地殻中のラジウムは，地質時代を経過するうちに，はるか昔になくなってしまったであろう．同じことは，ウランの他の壊変生成物についてもいえるのであって，その中のあるものはわずか何分の一秒という半減期をもっている．

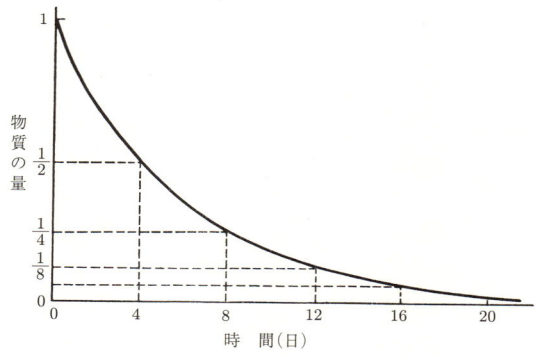

22 図 ラドン（Rn^{222}）の半減期は，一定時間ごとに残っている物質の量を計ることによって求められる．プロットした結果は指数的「衰減」曲線 $y = e^{-ax}$ である．

ウラン自身について言えば，その半減期は 45 億年である．これはおそろしく長い時間であって，現在までの地球の全歴史をつうじて，最初にあったウランの一部だけが壊変する機会を得たにすぎない．トリウムの壊変はさらにおそく，その半減期は 140 億年である．

このような厖大な時間の幅も，一定量のウラン（またはトリウム）が放つアルファ粒子の数を数えることによって，定めることができる．アルファ粒子は，ラザフォードによって，硫化亜鉛の膜にあたった時に発する小さな閃光を利用することによって数えられた（これは**シンチレーション計数管**である）．

アルファ粒子1個の放出は，ウラン原子1個の壊変を意味するから，ラザフォードは毎秒何個の原子が壊変しているかを決定することができた．取り扱っているウランの質量から，現存のウラン原子の全数を知った．この知見から，彼はウラン原子の現存量の半分が壊変するには，どれほどの時間がかかるかを容易に計算できたが，その結果，それは億年の単位であることがわかったのである．

　ウランのこのようなものすごく遅い壊変は，極めて一定であり，また特性的なので，それを地球の年齢を決める目的に用いることができる．1907年にアメリカの化学者ボルトウッド（1870-1927）は，ウラン鉱物中の鉛の含量は，この点に関する手がかりになるだろうと暗示した．もしウラン鉱物中の鉛のすべてが，ウランの壊変から生じたものと仮定するならば，それだけの鉛が存在するようになるには，どれだけの時が経過したかを計算するのはやさしい．実際，このようにして計算を行なった結果として，地球のかたい地殻は，少なくとも40億年は存在していたはずであるという結論が導かれた．

　その間に，ソディは，1つの原子がそれより小さい粒子を放出して変化する，その正確な仕方を記述する仕事にかかっていた．もし1つの原子が，+2の正電荷を有するアルファ粒子1個を失うならば，その核の全電荷は2だけ減少する．その原子は周期表で2位だけ左に移動する．

　もし1つの原子がベータ粒子（-1の電荷をもつ電子）を失うならば，それの核は正電荷を1つ得て*)，その元

素は周期表では右に1位だけ移動することになる．もし1つの原子がガンマ線（電荷をもたない）を放つならば，エネルギー含量は変化するけれども，それをつくっている粒子には変化はないので，それは同じ元素としてとどまっている．

これらの規則を手がかりにして，化学者は各種の壊変系列の詳細を明らかにすることができた．

同位体

しかし，これらのことは，一つの重大問題をひき起こした．ウランやトリウムの数多くの壊変生成物をどう処理すればよいのであろうか？　何十もの壊変生成物が発見されたが，これらを配置するのに，周期表には，たかだか9個の空席をあますのみであった（原子番号84のポロニウムから，原子番号92のウランまで）．

一つの特例をあげると，ウラン原子（原子番号92）はアルファ粒子を放出して，残った原子の原子番号は，ソディの法則によれば，90となる．これはトリウム原子が生成したことを意味した．ところが通常のトリウム原子は140億年の半減期をもつのに対して，ウランから生じたト

---

*）ソディの時代では，核のなかにも電子が存在し，核からベータ粒子が失われると，つり合っていない余分の陽子が残り，そのため正電荷が増す，と考えられていた．今日では，核はただ陽子と中性子のみを含み，中性子が陽子に変換する時にだけ，電子が生成され，放出されるのであって，正電荷を得ることは，負電荷を放出して失うことに等しい，と考えられている．

リウムは，24日の半減期をもっていた．

非放射性元素の場合にさえも，放射能に関係のない性質に関して，このような相違が認められた．たとえば，リチャーズ（原子量に関しての先達者（109頁参照））は，1913年に，ウランの壊変によって生じた鉛は，通常の鉛と全く等しい原子量をもってはいないことを示した．

ソディは一種以上の原子が，周期表上の同じ位置におかれうるという，大胆な提案をした．原子番号90の場所は，トリウムのさまざまの変種を，原子番号82の場所は，鉛のさまざまの変種を入れることができるだろう．彼は周期表で同じ位置を占める原子の変種を，「同じ位置」というギリシア語からとって，**同位体（アイソトープ）**と呼んだ．

周期表のある位置におかれる異なる同位体は，同じ原子番号を，したがって核に同じ数の陽子を，また同じ数の電子を外側に持っている．化学的性質は，原子のもつ電子の数と配列によって決まるのであるから，一つの元素のいくつかの同位体は，同じ化学的性質を示すであろう．

しかしこの場合には，放射性に関する性質と原子量における相違は，どのようにして説明されるのであろうか．

原子量がこの相違を説明する鍵であるかもしれない．100年前，プラウトは，すべての原子は水素からなっているので，すべての元素は整数の原子量を持つべきである，という彼の有名な仮説（109頁参照）を発表した．ほとんどの原子量は整数ではないため，彼の仮説は打ち破られて

しまったかのようにみえた.

ところが，新しい核の衣裳をつけた原子は，陽子と中性子から成るものであった．陽子と中性子はほぼ等しい質量を持っているので，すべての原子は，水素の質量（陽子1個からなる）の整数倍の質量をもたねばならなかった．プラウトの仮説は復活され，こんどは原子量のほうが疑いの眼で見られることになった．

1912年にトムソン（電子の発見者）は，正電荷を帯びたネオンイオンの流れに磁場を作用させた．磁場はネオンイオンの進路を曲げ，それを写真板にあたらせるようにした．もしすべてのイオンが等しい質量をもつならば，それらは同じ量だけ曲げられて，その結果，写真板には，ただ1点の感光部が現われるはずである．ところが，2つの点が現われ，その1つは他方よりも約10倍ほど黒かった．共同研究者であったアストン（1877-1945）は，後にこの装置を改良し，その結果を再確認した．この装置は，化学的に等しいイオンを，黒点のスペクトルに分離するものであるから，**質量分析器**とよばれた．

同じ電荷をもつイオンが，磁場によって偏向される大きさは，そのイオンの質量によってきまる．イオンの質量が大きければ大きいほど，偏向の度は小さい．それゆえ，トムソンおよびアストンによって得られたこれらの結果から，ネオン（Ne）原子には2種類あって，一方は他方よりも質量が大であるらしいことがわかった．第一の型は**質量数20**，第二の型は**質量数22**であった．感光した黒点の

濃さを比較した結果, ^{20}Ne は ^{22}Ne より 10 倍多く存在しているから（後に, ごく微量の ^{21}Ne が存在することがわかったが）, ネオンの原子量が, 約 20.2 であったということは合理的であった[*]．

別の言葉でいえば, 個々の原子は, 水素原子の質量の整数倍の質量を持っているのであるが[**], 異なる質量をもつ原子からなるある特定の元素では, 原子量はこれらの整数の質量平均となり, したがって, 原子量それ自体は必ずしも整数とはならないはずである.

ある原子の同位体の質量平均は, 場合によっては, それよりも原子番号の大きい原子の質量平均より大きいこともありうる.

たとえば, 原子番号 52 のテルル Te は, 7 個の同位体をもつ. これらのうちで, 最も質量の大きい ^{126}Te と ^{128}Te は最も多く存在している. したがってテルルの原子量は 127.6 である. ヨウ素 I はその次に大きい原子番号 53 をもっているが, ^{127}I のみから成っているので, 原子量も 127 である. メンデレーエフは原子量の順序とは逆に, 周期表中にヨウ素をテルルの次に置いたのであるが, 彼は知らないうちに, 原子量ではなく原子番号の順序

---

[*]〔訳注 元素記号の左上に質量数を記して同位体を区別する.〕

[**] 実際は, 正確に整数倍ではない. 質量におけるわずかのずれは, 化学においては重要ではないが, 核の力に伴う巨大なエネルギーの反映であり, それは核爆弾（308 頁を参照）において明らかに示された.

に従っていたのであり，また彼のしたことは正しかった．

もう一つ例をあげる．カリウム K（原子番号 19）は 3 個の同位体，^{39}K, ^{40}K, ^{41}K から成るが，最も軽い ^{39}K が圧倒的に多く分布しているので，その原子量は 39.1 である．アルゴン Ar は一つ小さい原子番号（18）をもち，3 個の同位体，即ち ^{36}Ar, ^{38}Ar, ^{40}Ar から成る．この場合では，最も重い同位体 ^{40}Ar が最も多く存在しているので，アルゴンの原子量は約 40 である．ラムゼーが原子量を無視して，アルゴンをカリウムの後でなく，前にならべたとき（178 頁参照），彼もまた，知らないうちに原子番号の順に従ったのであり，また正しいことをしたのであった．

質量分析器を用いることによって，個々の同位体の質量と，その各々の存在量を実際に測定し，その平均値をとることによって，原子量を決定することが可能になった．原子量を正確に決定する点では，この方法は化学的方法にまさっていた．

ある与えられた元素の種々の同位体は，等しい原子番号をもつが，異なる質量数をもっている．異なる同位体では，それらの核の中の陽子の数は等しいが，中性子の数は異なる．たとえば，^{20}Ne, ^{21}Ne, ^{22}Ne はすべて 10 個の陽子を核の中に有し，したがってその原子番号はすべて 10 であり，また外殻の電子配置はすべて 2・8 である．しかし，^{20}Ne の核には陽子 10 個の他に中性子が 10 個，^{21}Ne の核には陽子が 10 個の他に中性子が 11 個，^{22}Ne では陽子が 10 個の他に中性子が 12 個含まれている．

ほとんどの元素（すべてではないが）は，このようにして同位体に分けることができた．1935年にカナダ系アメリカ人の物理学者デムスター（1886-1950）は，天然に産出するウラン U は，その原子量（238.07）が，整数に近いにもかかわらず，2種の同位体の混合物であることを見いだした．一方の同位体が圧倒的に多く存在していたのである．ウラン原子の99.3%は，92個の陽子と146個の中性子からなる，即ち質量数238の核をもっていた．これらは ^{238}U であった．残る0.7%は，中性子が3個だけ少ない ^{235}U であった．

　放射性元素としての性質は，電子配置ではなく，原子核の構造によって決まるのであるから，ある元素の同位体は化学的には等しいが，放射能の見地からすれば全くちがっている．たとえば，^{238}U の半減期は45億年であるのに対して，^{235}U の半減期は7億年である[*]．双方とも別々の壊変系列の母体である．

　最も簡単な水素原子自身も，一対の同位体から成ると考えてよい理論的根拠があった．1個の陽子からなる核をもつ通常の水素原子は，^1H である．ところが1931年にアメリカの化学者ユーリイ（1893-1981）は，もし通常の水素よりも重い水素の同位体が存在するならば，それは高い沸点をもつであろうから，遅く蒸発するであろうという

---

[*]　前に述べた（281頁参照）天然のトリウム ^{232}Th の半減期と，核に2個の余分の中性子を含む，ウランの壊変によって生じたトリウム ^{234}Th の半減期の差も，同様に説明される．

仮定のもとに，4リットルの液体水素をゆっくり蒸発させた．重い水素のほうが後に残り，残渣に集まるであろうというねらいであった．

疑いもなく最後の数ミリリットルの水素の中に，ユーリイは，1個の陽子と1個の中性子からなる核をもつ ^2H が存在する，という確かな証拠を見いだした． ^2H は，特に**重水素**という名前を与えられた．

酸素もまた，例外ではなかった．1939年にアメリカの化学者ジオーク (1895-1982) は，酸素 O は3個の同位体から成ることを示すのに成功した．全原子の約99.8%を占める，最も広く分布しているものは， ^{16}O であった．その核は8個の陽子と8個の中性子を含んでいた．残りのほとんどすべては ^{18}O （陽子8個と中性子10個）で，これに痕跡程度の ^{17}O （陽子8個と中性子9個）があった．

これもまた問題をひき起こした．ベルセーリウスの時代からこのかた，原子量は，酸素の質量を便宜的に16.0000として，それに基づいて決められていた（110頁参照）．ところが酸素の原子量は，実は3種の同位体の質量平均にすぎず，しかも酸素の同位体の割合は，試料によってわずかに変わるということもあり得たのである．

物理学者たちは，酸素の ^{16}O を 16.0000 と定めて，これに基づいて原子量を決定した．この結果得られた一連の値（**物理的原子量**）は，これまで用いられてきた，また19世紀のあいだに次第に改良されてきた値（**化学的原子量**）よりも，極めてわずかではあるが一様に大きかった．

しかしながら，1961年に化学者および物理学者の国際組織の双方が，炭素の同位体 ^{12}C を 12.0000 に定めて，これを基準とした原子量を採用することに意見の一致を見た．この新しい基準は，伝統的な化学的原子量とほとんど等しく，しかも単一種の同位体に基準をおいているのであって，いくつかの同位体の平均によるものではない．

第14章　核反応

新しい元素の変換

　原子はさらに小さい粒子からなり，それらの粒子は放射能を伴う変換において自発的に配置を変えるということがひとたび理解された以上，次に進むべき段階はほとんど定まったものと思われた．

　通常の化学反応では，人間は分子内の原子の配列を故意に並べかえることができた．それならばなぜ，**核反応**において，原子核内の陽子や中性子を故意に並べかえることができないのだろうか？　確かに，陽子と中性子は，分子のなかで原子を結びつけている力よりもはるかに強い力で，互いに結びつけられている．したがって通常の化学反応をひき起こすことができる方法では，核反応を起こすには不充分であったにちがいない．しかしすでに放射能の謎を解いた人たちは，成功の王道を進んでいたのだ．

　その第一歩を踏み出したのはラザフォードであった．彼はさまざまの気体をアルファ粒子で照射してみたところ，時にはアルファ粒子は原子の核に衝突し，その核をかき乱すことを発見した（23図）．

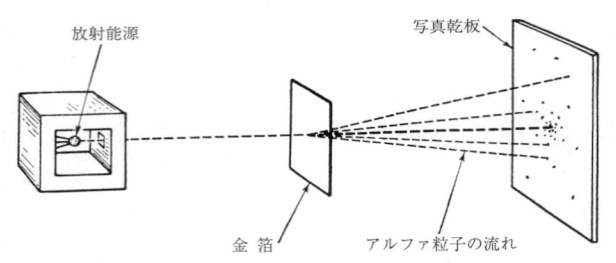

23 図 ラザフォードの実験によって，核の概念が導入され，現代核物理学への門が開かれた．放射能源から放出されたアルファ粒子は，金箔を通過するときに偏向させられる．偏向の大きさは，粒子が写真乾板に当たるときに記録された．

事実，1919 年にラザフォードは，アルファ粒子は窒素の核から陽子を叩き出し，後に残ったものに吸収されることを示すのに成功した．最も多く存在する窒素 N の同位体は ^{14}N であり，その核は陽子7個と中性子7個からなる．そこから陽子1個を引き，それからアルファ粒子の陽子2個と中性子2個を加えると，陽子8個と中性子9個を持つ核が得られる．これは ^{17}O である．アルファ粒子は ^{4}He（ヘリウム）であり，また陽子は ^{1}H（水素）と考えることができる．

したがってラザフォードは，最初の人工の核反応を行なうのに成功したということになる．即ち，

$$^{14}\text{N} + {}^4\text{He} = {}^{17}\text{O} + {}^1\text{H}$$

これは，一つの元素を他の元素に変える，元素変換の真の実例である．見方によっては，それは昔の錬金術の願望の

的であった．しかし，もちろん，それは錬金術師たちが夢想もしなかった元素や技術を含むものであった．

その後の5年間にわたって，ラザフォードはアルファ粒子の関与するいくつかの核反応を遂行した．しかし，放射性元素はほどほどのエネルギーをもつアルファ粒子を出すに過ぎなかったので，彼がなしうることには限りがあった．もっと多くのことを成し遂げるためには，より大きなエネルギーを持つ粒子が必要であった．

物理学者たちは，電場の中で荷電粒子を加速し，速度を次第に上げていって大きなエネルギーをもたせるような装置の設計に着手した．イギリスの物理学者コッククロフト（1897-1967）と彼の共同研究者のアイルランドの物理学者ウォルトン（1903-95）は，核反応をひき起こすに足るエネルギーをもった粒子をつくる加速器を最初に設計し，1929年にそれを完成した．3年後，彼らは加速された陽子でリチウム（Li）原子を衝撃し，アルファ粒子を生じさせた．その核反応は次のようであった．

$$^1H + {}^7Li = {}^4He + {}^4He$$

コッククロフト-ウォルトンの装置や，その他の当時計画中の装置では，粒子は直線に沿って加速されたので，極めて高いエネルギーを生じ得るほど充分に長い装置をつくるのはむずかしかった．1930年にアメリカの物理学者ローレンス（1901-58）は，粒子を次第に大きくなるらせん形に沿って走らせる加速器を設計した．この種の比較的小型のサイクロトロンは，極めてエネルギーに富んだ粒子

をつくることができた.

ローレンスの最初の小さいサイクロトロンは,物質の構造に関する基本的問題に答える手がかりとして用いられてきた,円周が 800 メートルにも達する今日の巨大な装置の祖先であった.

1930 年にイギリスの物理学者ディラック (1902-84) は,陽子も電子も共に,真の反対粒子 (**反粒子**) をもつべきであるという理論的根拠を展開した. **反電子**は,電子の質量をもつが,正の電荷を帯びているのに対して,**反陽子**は,陽子の質量をもつが,負の電荷をもつべきである.

反電子は 1932 年にアメリカの物理学者アンダーソン (1905-91) による宇宙線*)の研究において実際に発見された.宇宙線粒子が大気を構成する原子の核に衝突すると,ある種の粒子が発生し,それらは磁場の中で電子のように曲げられるが,その方向は電子の場合と反対である.アンダーソンはこの種の粒子を**陽電子**とよんだ.

反陽子の発見までには,なお 25 年の時が必要であった.反陽子は陽電子の 1836 倍の質量があるので,その生成には 1836 倍のエネルギーが必要である.その必要なエネルギーは,人工装置では 1950 年代にいたるまで,つくることができなかった.巨大な加速器を用いて,イタリ

---

*) 宇宙線は,宇宙から地球の大気圏に入りこんでくる粒子の群からなる.それらの粒子 (ほとんどが陽子) は,恒星や銀河自体に伴う電場を通過する際に,ほとんど信じられないほどのエネルギーを持つ状態にまで加速される.

ア系アメリカ人の物理学者セグレ (1905-89) と，共同研究者のアメリカの物理学者チェンバレン (1920-2006) は，1955年に反陽子をつくり出し，それを検出することに成功した．

原子は，反陽子を含んだ負の電荷をもつ核が，正に荷電された陽電子によってとりまかれている形態としても存在できることが指摘されてきた．このような**反物質**は，地球上においても，またおそらくはこの銀河宇宙のどこにおいても，ながくは存在し得なかったであろう．なぜならば，物質と反物質とが接触するやいなや，巨大なエネルギーを発して消滅してしまうであろうから．しかし天文学者たちは，反物質でできている全星雲系が存在しないかどうかを疑っている．しかし，たとえあったとしても，それらを認知することは極めて困難であろう．

人工放射能

初めて成功した核反応の実験によって，すでに天然に存在することが知られている同位体がつくられた．しかし，これは必ずしも当然起こるべきことではなかった．1世紀まえに，天然には存在しなかった有機化合物が合成されたように（121頁参照），自然にはない中性子と陽子との組み合わせをつくり出せたかもしれない．実際にこの現象は，1934年，フランスの物理学者フレデリック・ジョリオ・キュリー (1900-58) と，ラジウムで有名なキュリー夫妻（257頁参照）の娘であるイレーネ・ジョリオ・キュ

リー（1897-1956）夫妻の共同によって，実現された．

ジョリオ・キュリー夫妻はアルミニウム Al をアルファ粒子で衝撃した．衝撃をやめた後でも，アルミニウムはそれ自体の粒子を放射し続けることが発見された．つまり彼らは，出発したのは ^{27}Al（陽子13個と中性子14個）であったが，終わりには ^{30}P（リン）（陽子15個と中性子15個）が得られたことを発見したのである．

しかしリンは，天然に産する場合はただ1種の原子，即ち ^{31}P（陽子15個と中性子16個）からなる．したがって ^{30}P は，天然には存在しない，人工的同位体であった．それが天然に存在しない理由は明らかであった．即ち，この同位体は放射能をもち，その半減期はわずか14日であった．そしてこの放射能が，ジョリオ・キュリー夫妻の観測した連続的な粒子の放射の源であった．

ジョリオ・キュリー夫妻は，**人工放射能**の最初の実例をつくりだしたのであった．1934年以来，自然には存在していない1000種にあまる同位体がつくられたが，そのすべてが放射性であった．各々の元素が，1つまたはそれ以上の放射性同位体をもっている．水素ですら，半減期12年の ^{3}H（**トリチウム**とも呼ばれている）をもっている．

風変わりな炭素の同位体，^{14}C は，カナダ系アメリカ人の化学者カーメン（1913-2002）によって1940年に発見された．この同位体の一部は，宇宙線が大気中の窒素に衝突するときに生ずる．このことは，他の生物と同じように，われわれ人間は，絶えず微量の ^{14}C を呼吸し，それ

を組織の中にとりこんでいることを意味する．ひとたび生物が死ぬと，そのとりこみは終わり，そのときすでに体内に存在する ^{14}C はゆっくり壊変してゆく．

^{14}C の半減期は 5000 年以上もあるので，先史時代にまでさかのぼるような材料物質（木，織物）の中に，かなりの量の ^{14}C がなくならずに残っている．アメリカの化学者リビィ（1908-80）は，ウランと鉛の含量によって地殻の年齢を推定できるように（280 頁参照），^{14}C の含量から，考古学的遺物の年代を定める実験法を考案した．このようにして，化学は歴史学者や考古学者が直接利用できるものとなった．

通常の元素の代わりに，普通にはない同位体をもつような化学薬品を合成することもできる．それの同位体としては，まれにしかない安定な同位体を用いることもできる（たとえば，^1H の代わりに ^2H，^{12}C の代わりに ^{13}C，^{14}N の代わりに ^{15}N，^{16}O の代わりに ^{18}O）．もしこのような**標識化合物**で養われた動物を殺して，その組織を分析するならば，それらの同位体を含む化合物は，重要な情報を与える．通常の方法では認知することのできない生体内の反応の機構を推論しうるようになる．この種の研究の創始者はドイツ系アメリカ人の化学者シェーンハイマー（1898-1941）で，彼は 1935 年以後，^2H や ^{15}N を用いて，脂肪やタンパク質に関する重要な研究を成し遂げた．放射性同位体を用いれば，反応の追跡はさらに微妙なところまで可能となるが，そのような放射性同位体が大量に得られ

るようになったのは第二次世界大戦以後のことであった.同位体を用いればどんなことができるか,という一つの実例は,アメリカの生化学者カルヴィン(1911-97)の仕事であろう. 1950年代に,彼は光合成の過程の中に含まれる多くの反応を研究する目的に ^{14}C を用いた.彼は,わずか20年前には全く望むべくもなかったほど詳細にわたってその研究を遂行しえた.

人工同位体がつくられただけではなかった.人工の元素もつくられた. 1937年に,サイクロトロンの発明者ローレンスは,モリブデン(原子番号42)の試料を重陽子(^2H の核)で衝撃した.彼は衝撃された試料をローマのセグレのもとに送った.(後にセグレはアメリカに来て,そこで反陽子を発見することになった.)

詳しく研究した結果,セグレはこの試料が一種の新しい放射性物質を含むことを見いだしたが,この新物質は原子番号43の元素の原子であることがわかった.当時まだこの元素は発見されておらず(いくらかの誤った発見の報告はあったが),そのためこの元素は,ギリシア語で「人工」を意味することばから,**テクネチウム**と命名された.

やがて周期表に最後に残された3つの空席も埋められた(266頁参照). 1939年と1940年に,第87番元素(フランシウム)と第85番元素(アスタチン)が発見され,そして1947年には,最後の空席であった61番元素(プロメチウム)の席も埋められた.これらすべての元素は,放射性である.

アスタチンとフランシウムは，極めて微量がウランから生じるだけであり，このためにそれ以前には発見されなかったのである．テクネチウムとプロメチウムの生成量はさらに少なく，またこの2つは原子番号84以下の元素の中で，安定な同位体を全く持っていない例外的元素である点で珍しいものである．

超ウラン元素

原子核を衝撃するのに用いられた最初の粒子は正電荷を帯びている——陽子，重陽子，およびアルファ粒子であった．電荷の間には，同種のものは反発しあう傾向にあるから，このような正電荷を帯びた粒子は，やはり正電荷を帯びた原子核に反発される．加速された粒子が，この反発にうちかって核に衝突するためには，かなりのエネルギーを必要とするので，核反応をひき起こすのは容易ではない．

中性子の発見によって（259頁参照），新しい可能性がひらけてきた．中性子は電荷を帯びていないので，原子核によって反発されない．もし中性子が正しい方向に動いているならば，抵抗なく核に容易に衝突できるはずである．

中性子による衝撃を最初に研究したのは，イタリアの物理学者フェルミ（1901-54）であった．彼は中性子の発見についての情報を聞くと，ただちに研究を始めた．彼は，中性子の流れを，まず水またはパラフィンに通すと，核反応をひき起こすのに特に効果的であることを発見した．これらの化合物中の軽い原子は，衝突ごとに中性子のエネ

ギーの一部を吸収したが,その際中性子自身を吸収することはなかった.それゆえ,中性子は充分に減速されて,ついにはわずかに室温での分子運動の速度で動くようになった.このような**熱中性子**は,ある特定の核の近くに,1秒の半分以上もとどまり,したがって速い中性子よりは吸収される可能性が多かった.

中性子が原子核に吸収されても,核は必ずしも新しい元素にはならない.それはただ,より重い同位体になるだけかもしれない.たとえば,^{16}O が中性子(質量数1の)を1個得ると,^{17}O が生ずるであろう.しかしながら,中性子を得ることによって,元素は放射性同位体になることもあり得る.この場合,その同位体は一般にベータ粒子を放出して壊れるが,このことはソディの法則によれば,その同位体が周期表において一位だけ上位の元素になったことを意味する.そこで,^{18}O が中性子を1個得ると,放射性の ^{19}O になる.この同位体はベータ粒子を放出して,安定な ^{19}F(フッ素)になる.このようにして酸素は,中性子衝撃によって(原子番号の一つ大きい)他の元素に変えられる.

1934年,フェルミはウランを中性子で衝撃して,ウランよりも質量の大きい元素(**超ウラン元素**)をつくれるのではないかと考えついた.当時,ウランは周期表のなかで最大の原子番号をもってはいたが,このことは,より大きな原子番号をもつ元素は,極めて短い半減期をもつために,地球の過去のながい歴史の間,生き長らえることがで

きなかったことを意味するだけであったかもしれない.

初め,フェルミは実際にいくらかの93番元素の合成に成功したのではないかと考えた.しかし彼の得た結果は複雑で,まもなく述べるように,はるかに劇的な結果を導くにいたった.この別の方向への発展のために,超ウラン元素生成の可能性についての関心は,数年間にわたってうすれてしまった.

しかし1940年にアメリカの物理学者マクミラン (1907-91) と彼の同僚の化学者アーベルソン (1913-2004) は,ウランに中性子を衝撃して,新しい型の原子を認知するのに成功した.研究の結果,このものは原子番号93の元素とわかり,彼らはこれを**ネプツニウム** Np と命名した.もっとも寿命のながいネプツニウムの同位体, ^{237}Np でも,その半減期は200万年を少しこえる程度のものであり,地球のながい歴史を通して存在し続けるにはたりなかった. ^{237}Np は,第四の壊変系列の祖先であった.

やがてアメリカの物理学者シーボーグ (1912-99) がマクミランに協力することとなり,彼らは協力して1941年に,94番元素**プルトニウム**をつくり,それを確認した.シーボーグの指導のもとに,その後の十年余にわたってカリフォルニア大学の科学者のグループは,さらに半ダースの新元素を単離した.即ち,**アメリシウム**(原子番号95),**キュリウム**(原子番号96),**バークリウム**(原子番号97),**カリホルニウム**(原子番号98),**アインスタイニウム**(原子番号99),**フェルミウム**(原子番号100)である.

さて，ある原子番号が，絶対的な最大値を表わしていると考えるべき根拠はないように思われた．しかし，原子番号が大きくなればなるほど，その生成は困難であり，また少量しか得られない．その上，半減期も次第に短くなるので，得られたものも，ますます速やかに失われてしまう．これらの困難にもかかわらず，1955 年には**メンデレビウム**（原子番号 101）が，1957 年には**ノーベリウム**（原子番号 102）が，1961 年には**ローレンシウム**（原子番号 103）がつくられた．1964 年には，ロシアの物理学者は，104 番元素をごく微量ではあるがつくったと報告した．

シーボーグとそのグループは，超ウラン元素は，希土類元素が互いによく似ているように，またそれと同じ理由で（176 頁参照），互いによく似ていることを認めた．新しい電子は内部電子殻に入り，最外殻の電子は全体を通じて 3 個にとどまっている．これら 2 組の類似元素は，古いほうの組はランタン（原子番号 57）から始まる**ランタノイド**として，また新しいほうの組はアクチニウム（原子番号 89）から始まる**アクチノイド**と呼んで互いに区別される．

ローレンシウムの発見によって，アクチノイド元素のすべてがつくられたことになる．104 番元素は，アクチノイド類とは全く異なった化学的性質をもっていると期待されている[*]．

---

[*]〔訳注 104 番元素は，1997 年にラザフォージウムと命名された．〕

核爆弾

　さて，ウランを中性子で衝撃した，フェルミの本来の仕事はどうなったのであろうか？　彼は第93番元素が得られたのではないかと考えたが，当時はこれを証明することができなかった．これを単離しようとする物理学者たちの努力は，すべて失敗に終わった．

　この研究に加わった人のなかに，20年前にプロトアクチニウムを発見した，ハーンとマイトナーがいた（262頁参照）．彼らは衝撃されたウランを，バリウムで処理したが，強い放射性物質の一部がバリウムと共に沈殿となって分けられた．この結果彼らは衝撃による生成物の一つはラジウムではないかと考えた．化学的にはラジウムはバリウムと極めてよく類似していて，どのような化学操作においても，バリウムに伴ってくるものと考えられた．しかしながら，このバリウムを含む部分から，ラジウムは全く得られなかった．

　1938年までには，ハーンは中性子の衝撃によってウランから得られたものは，バリウム自身の放射性同位体なのではないか，という考えを抱き始めた．放射性バリウムは，通常のバリウムと混じり，通常の化学操作でこの二つを分離することは不可能のはずであった．しかし，このような組み合わせは不可能であると考えられた．1938年までに知られていたすべての核反応は，原子番号で1個か2個の単位での元素の変換が関与しているだけであった．ウランからバリウムへの変化は，原子番号で36の減少を意

味した！ それはあたかも，ウランがほぼ半分に分解したようであった（**ウラン分裂・核分裂**）．ハーンはそのような可能性を想像することすら（少なくとも公表することは）ためらった．

1938年に，ナチ・ドイツはオーストリアに侵入し，これを併合した．オーストリア人のマイトナーは，彼女がユダヤ系であるが故に亡命しなければならなかった．スウェーデンに亡命した彼女にとって，彼女の体験した危険にくらべれば，科学上の失敗をおかすことに伴う危険などは，物の数に入らないと考えられたにちがいない．彼女は，ウランは中性子の衝撃によって分裂を起こすというハーンの理論を発表した．

このことがひき起こす恐ろしい可能性のため，この論文は大きな興奮をまき起こした．もしウランが中性子を吸収して，2つの小さい原子に分裂するならば，これらの小さい原子はもともとウランに存在していたよりも少ない中性子しか必要としないであろう[*]．そこでこれらの過剰の中性子は放出され，もしそれらが他のウランによって吸収されるならば，これもまた分裂して，さらに中性子を放出するであろう．

---

[*] 一般的にいって，原子の質量が大であれば大であるほど，その質量数につりあうために必要な中性子の数も大となる．たとえば ^{40}Ca（カルシウム）は，その質量数の 0.5 にあたる 20 個の中性子を含むのに対し，^{238}U は，その質量数の 0.65 にあたる 153 個の中性子を含む．

分裂したウラン原子の1個1個が，**核連鎖反応**においては，さらにいくつかの分裂をひき起こすこととなり，水素と塩素の通常の化学連鎖反応（200頁参照）の場合に類似した結果をもたらすことになる．しかし核反応は，化学反応に比べてはるかに大きいエネルギー交換を伴うので，核連鎖反応の結果ははるかに恐ろしいものになる．ごくわずかなエネルギーの投資を含むにすぎない数個の中性子から始めても，巨大なエネルギーの蓄積が放出されることになる．

　第二次世界大戦はちょうど始まったばかりのところであった．原子核の致命的なエネルギーがナチ・ドイツによって自由にされるのを恐れたアメリカ合衆国政府は，そのような連鎖反応を実現し，この武器を自分自身の手におさめるための計画に着手した．

　多くの困難が前途に横たわっていた．中性子がウランの近くからみな逃げていく前に，ウランに衝突できるように，なるべく多くの中性子をつくらなければならなかった．この理由によって，中性子に必要な機会をあたえるためには，ウランの極めて大きな塊が必要であった（最小限必要な大きさを**臨界質量**という）．しかし，1940年以前には，ウランに対する需要は全くないに等しかったので，研究が着手されたとき，用いうるウランはごくわずかであった．

　さらに，中性子がウランによって吸収される確率を増してやるために，それの速度を減らす必要もあった．これ

は中性子が衝突してはねかえるような軽い原子をもった物質,即ち減速剤の使用を意味する.適当な減速剤としては,黒鉛の塊か,または重水が考えられた.

さらに困難なことは,中性子を吸収して核分裂を起こすのは,どんなウランでもよいというのではないという点であった.分裂を起こすのは,比較的少なくしか存在していない同位体,^{235}U のほうであった (288頁参照).^{235}U を分離,濃縮する方法を考案する必要があったが,これには先例がなかった.同位体を大規模に分離する試みは,それまでになされたことがなかった.六フッ化ウラン UF_6 を用いる方法がうまくいくことがわかったが,それにはフッ素化合物の取り扱い法が大きく進歩する,という前提が必要であった.人工元素プルトニウムもまた分裂を行なうことが発見され,1941年の発見以後 (301頁参照) は,これを大量につくる努力もなされなければならなかった.

1938年にイタリアを離れてアメリカにやってきたフェルミは,この仕事の責任者に任命された.1942年12月2日,ウラン,酸化ウラン,および黒鉛からなる原子炉は「臨界点」に達した.連鎖反応がひき続いて起こり,ウランの分裂によって,エネルギーがつくられた.

1945年までに,少量の爆薬が発火すると,ウランの2個の塊が1つになるような装置が工夫された.それぞれの塊自身では臨界質量以下ではあるが,いっしょになるとそれ以上となった.宇宙線の衝撃によって,大気はつねに若干の中性子を含んでいるので,臨界質量以上のウラン中

では，ただちに核連鎖反応が起こり，それまでには全く考えられたこともないような激しい爆発が起こる．

1945年7月に，そのような「原子爆弾」または「A爆弾」（正しくは**核分裂爆弾**）の最初のものが，ニューメキシコ州アラモゴードで爆発させられた．翌月までに，さらに2個の爆弾が製造され，日本の広島と長崎の上空で爆発させられ，第二次世界大戦を終わらせた．

しかしウランの分裂は，破壊ばかりに用いられるのではない．エネルギーの放出を一定に，しかも安全な程度に保つことができれば，核分裂は建設的な目的に用いられる．1950年代と60年代に，数多くの原子炉，後に与えられたもっと適当な名前でいえば，**核反応装置**がつくられた．これらは潜水艦や船舶を走らせたり，平和的に利用されるエネルギーを，電気としてつくったりすることに用いられている．

エネルギーは大きな質量の原子の分裂によって得られるばかりではなく，2個の軽い原子核が，1個のいくらか重い核になること（**核融合**）によって得られる．水素の原子核が融合してヘリウムになるときに，特に巨大なエネルギーが得られる．

核の周りをまわっている電子のおおいを押しのけて，2個の水素原子を1個にするためには，巨大なエネルギーをそれらに与えてやらなくてはならない．このようなエネルギーは，太陽や，他の恒星の中心部では得られている．太陽の光（何十億年もの間，すこしも減少することなく地

球に達している）は，毎秒何百万トンもの水素の核融合によってつくられたエネルギーである．

1950年代には，この必要なエネルギーは，核分裂爆弾を爆発させることによって得られるようになり，また核分裂爆弾を，さらに大きく，さらに破壊力の強い爆弾の起爆剤として用いる方法が考案された．その結果は，「水素爆弾」「H爆弾」「熱核装置」などといろいろに呼ばれているが，最も適当な呼び名は，**核融合爆弾**である．

核融合爆弾は，日本の二つの都市を破壊した最初の核分裂爆弾の，何千倍もの破壊力をもって爆発する．たった一発の大型核融合爆弾で，最大級の都市も完全に破壊されてしまうであろうし，もし現在ある核融合爆弾のすべてが，多くの都市の上空で爆発するならば，すべての生命が，直接の爆風と火，それにまきちらされる放射能（**死の灰**）によって絶滅する可能性もある．

しかし核融合爆弾すらも，破壊以外の使用法がありうる．現在行なわれつつある最も重要な実験の中には，何百万度にも達する高温を制御しながら（しかも爆発した核融合爆弾の中心部にではなく）つくり出して，核融合反応を起こすに充分なくらい長く，この温度を保つ試みがある．

もし核融合反応を，制御された速度ですすむように保つことができるならば，想像にあまる量のエネルギーが得られるであろう．燃料は重水素になろうが，これは海水中に，何百万年の間使えるほど大量に存在している．

過去において人間は，すべてを破壊する水爆戦争による

絶滅の危機に直面したこともなかったが,またこのような核融合爆弾を飼いならすことによって,類のない繁栄を望みうる機会をもったこともなかった.科学の進歩の,ただ一本の枝から,どちらの運命も生じ得るのである.

　われわれは知識を得てきた.科学がそれをわれわれに与えてくれた.

　いまやわれわれは,叡知をも必要とする.

訳者あとがき

　化学は古くて，新しい学問である．そしてそれは，現在，非常な速度で進歩しつつある学問である．化学はまた，その理論の面でも，応用の面でも，その領域が大へん広く，かつその対象がすこぶる多彩な学問である．それゆえ，この学問についての発展の歴史を一冊の小さい本にまとめるということは容易な仕事ではない．その上，この学問についてあまり予備知識をもたない年少の人々や，専門外の人々に対して，その歴史の流れを，わかりやすく，倦きさせないで読ませるような本を書くことは，ことさらにむずかしい．本書の著者は，あえてこのむずかしい仕事に取りくみ，それに成功している．

　本書を読んでみると，石器時代から原子力時代にいたるまで，「化学」という学問が，人間のどのような経験と思考の上に作り出されてきたか，その主な道すじが鮮明に印象づけられる．14の各章はその道すじを便宜的に区画したものであるが，それらは同時に化学の基礎となった主要な概念の形成の過程と，化学の研究領域の展開の状況を示している．著者は，これら各章の主題のいずれについても，歴史的事実の末節にまで入り込むようなことをさけな

がら，古代から現代にいたるまでの，全体としての歴史の本流を平明・的確に記述することに努力したと思われるが，この行き方は，本書の目標からみて適切であったといえる．その上，文章は簡明であり，読者の心をひきつけるような魅力をもっている．さすがに，科学解説家として名声をえた著者の力量に感心させられる．

　高等学校や大学の初年級では，化学の授業において，すでにでき上った概念や知識について学ばねばならぬことが多い．しかし，科学教育の一般的目標としては，むしろそのような概念や知識が形成されるにいたった過程を理解することが望まれるのであるから，この点については，教師も学生も充分に注意し，努力しなければならない．その一つの手段としては，学生が教科書やノートで学習することと併行して，適当な副読本を読むということが奨励される．本書は，アメリカにおいて，まさにそのような目的に沿うための一連の科学書の一つとして選ばれたものであった．化学史の本としては，わが国の学者によって書かれたものもないわけではないが，とくに前述の目的に沿うものとして選ばれた本書は，わが国の高校・大学に学ぶ人々にとっても大いに有用であるにちがいない．このような見地から，訳者は本書の翻訳を遂行した．訳文は，できるだけ原文のもつ妙味を再現するように心がけたつもりであるが，まだおよばない点が反省される．なお，人名のつづりについては，大体において『理化学辞典』(岩波書店)および『西洋人名辞典』(岩波書店)に準拠することに

したが，問題が残されていないわけではない．また，索引は，原書ほどにくわしいものを作ることをしないで，かなりに簡略化した．そのために事項の選択上多少のかたよりがあったかと思われる．なお，原文中，明らかに著者の誤解と思われる部分については訳者が修正したが，訳者注は一，二の個所以外には加えなかった．

玉虫文一
竹内敬人

ゲーテや諭吉を夢中にさせた化学の魅力
長めの文庫版訳者あとがき

竹 内 敬 人

　化学が苦手だ，化学が嫌いだ，という高校生が増えているといわれてから，もうかなりの時が経つ．科学技術立国をめざす日本としては，いささか困った状況である．これには二つの原因があるのではないだろうか．ともかく化学が苦手，いわゆる亀の甲にどうしてもなじめない，という化学嫌いと，職業として化学を選ぶことへのためらいである．

　前者はむしろ制度の責任が大きい．文系志望の高校生は，化学をきちんと勉強する必要はまずない．理系志望ですら，化学をほとんど学ばなくても高校を卒業できるし，大学入試もその点似たりよったりで，将来化学が不可欠な学部にも化学抜きで入学もできる．だから結果として食わず嫌いの化学離れ，ということになってしまう．

　しかし，私は若者，とくに高校生が制度の許すままに化学を避けて通って良いとは思わない．この点については後で詳しく述べるが，化学は文化の一部，音楽や美術，文学と同じであるから，制度とは関係なく，好きになれるはずである．誰もが音楽や美術，文学を好きになるように．

　職業としての化学を避ける動機の一つは，よくいわれ

る「化学は 3K」というレッテルである．化学は「きつい Kitsui，汚い Kitanai，危険 Kiken」な職業だ，というわけである．しかし，「きつくない」，楽な職業というものが世の中にあるのだろうか？　「汚い」というが，錬金術の時代はとうに終わっている．近代的な化学実験室や工場を一度覗いてみれば，その考えが誤っていることに気づくだろう．「危険」というが，危険の種はどんな職業にも尽きない．時に工場などで爆発事故が起こるのは否定できない．しかし，多くの場合，安全管理の不備（法令，規定などをきちんと守らなかった）が原因である．化学実験室での危険性は，さらに低い．その一つの理由は，最近では実験室であつかう化学薬品の量が大幅に少なくなったことである．昔は大さじ一杯，茶碗一杯，場合によってはバケツ一杯くらいのスケールで実験したものだが，今は耳かき一杯程度の薬品で必要な情報が得られるようになった．量が少なければ，爆発が起こっても被害は知れたものである．そんなことより，危険には物理的な危険の他に，心理的，精神的危険もあることを考えれば，世の中は常に危険に満ちており，化学だけの特殊事情とはいえない．

　それにしても，化学嫌いの風潮を改善するために，化学界（日本化学会が代表的な組織である）は，若者を化学に誘うために，さまざまな活動，イベントや出版物を用意している．毎年各地で開かれる「化学への招待」は参加型展示などを多用して，来場者を引きつけている．これらのイベントのスローガンは，化学は「面白い Interesting，大

切だ Important」つまり「化学の 2I」である．水素と酸素を混ぜて点火すると起こる小爆発や，薬品を混ぜ合わせると起こる鮮やかな色の変化を見せれば，確かに化学は面白いとわかる．また，身の回りの品物を見れば，衣類，文房具をはじめとして，化学工業製品が使われていない物を探す方が難しいくらいである．化学が重要でないという人はもちろんいない．そしてこれらのキャンペーンはそれなりに効果を上げている．

 しかし，私は「2I」では，化学の本当のよさ，面白さ，あえていえばすごさを十分には表わせないと思い，またそう主張し続けてきた．化学は重要で面白いだけではなく，総じて知的 Intellectual なものである，と主張しなければならない，というのが私の信念である．そして冒頭に「若者，とくに高校生が化学を避けて通って良いというものではない」と言ったのはこのことを意識したからである．

 物質の秘密を解き明かそうという化学の目標は，その壮大さにおいて自然界の摂理を探究する物理学や生命の秘密を解きあかそうとする生物学にひけをとらない．そして物質の秘密が少しずつでも明らかになるにつれて，物質の構造や挙動の精妙さに，従ってそれを究めようとする化学の知的な精妙さに思わず惹かれていく，というのが実は過去の多くの知識人たちの化学に対する態度だった．

 私がいつも引用するのは，化学を真剣に勉強し，当時の最新化学理論を恋愛小説『親和力』の骨組みに用いた文豪ゲーテ，それと『福翁自伝』で述べているように，修業時

ゲーテや諭吉を夢中にさせた化学の魅力　　317

代に化学に惹かれ，自分で工夫して装置を組み立てて実験に励んだ福沢諭吉である．二人はもとより化学者になろうと思ったわけではない．ただ，彼らの知的好奇心が化学に打ち込ませたのである．化学が人間の偉大な知的創造物の一つであり，文学者，音楽家，芸術家ではなくても，知的な人間であれば，文学や音楽，芸術などに関心を持ち，理解しようと努めるのと同じように，化学に関心を持ち，理解しようと努めてほしい，というのが，私の「3I」説である．

では，どうすれば若者が化学に関心と理解を持つように誘うことが出来るだろうか．高校にしても，大学にしても，学校で学ぶ化学は，若者が先に述べたような，知的好奇心の対象としての化学に関心，理解を得るようにはつくられていない．教科としての化学がめざすところは，文化としての化学のめざすところと自ずから違うからである．

そこで私が若者に薦めたいのは，手頃な化学史の通読である．そして正にそれに該当するのが本書である．教科書では個々の理論や物質の説明を個別に並べざるをえないから，化学という学問がどのような流れで発展してきたか，つまりその全貌を学ぶことは出来ない．あるいは「木を見て森を見ず」という諺があてはまるのかもしれない．本書を読めば，化学という「森」がすっきりと見えてくる．

ところでその本書は今から40数年前，私がまだ駆け出しの助手時代に，東京大学教養学部教養学科科学史科学哲学分科の学生時代の恩師，玉虫文一先生から「一緒にやろ

う」とお声を掛けていただいて翻訳した，思い出深い本である．当時熱烈な SF ファンであったから，SF 作家としてのアシモフの作品はたくさん読んでいたが，彼が化学の本まで手がけているとは知らなかったので，たいへん驚き，また大いに意欲を燃やしたものだった．

原著の初版当時（1965 年）ですでに 60 冊以上の書物を書いたアシモフの筆力はたいへんなものである．本書の翻訳以後も化学史関係の本を読んだり，また自身も書いたりしたが，本書ほどうまくまとまっている本はほかにはないと思っていた．化学の発展のポイントが簡潔，かつ正確に押さえられていて，本書の通読で，化学の発展の流れが，特定の分野に片寄ることなく，すっきりした形で頭の中に収まるといってよかろう．また，このサイズの本にしては驚くほどの数の科学者が登場する．これはアシモフが，化学，そして科学を動かしたのは結局人間なのだという信念を持っていたからではないかと想像される．

本書は化学を含めた科学を志す若者のために書かれた本ではあるが，そのような狭い範囲の読者だけではなく，もっと広く，化学を文化の一部として接してみたいと考える全ての人に適した本である．一読を強く勧めたい．

最後に原本と著者について簡単に紹介する．作品リストなど，詳細な情報はインターネットから容易に得られる．

本書は Isaac Asimov, "A Short History of Chemistry: An Introduction to the Ideas and Concepts of Chemistry; Doubleday & Company, Inc. 1965）の翻訳であ

る．もともと物理学の教育と学習の新しい方法をさぐるため，1956年にマサチューセッツ工科大学で組織されたPhysical Science Study Committee（PSSC）が刊行した高校物理教科書は，世界の教育界に大きな影響を与え，わが国でも翻訳された（『PSSC物理（上・下）』岩波書店1967年）．本書はいわばその啓蒙版として用意された一連の読み物，Science Study Seriesの中の一冊として刊行された．

このシリーズは日本物理教育学会が取り上げることとなり，1960年代に始まって60冊近いシリーズが河出書房から順次翻訳出版された．シリーズのほとんどが物理に関する本であるのは当然だが，その中で3冊（本書『化学の歴史』と『モーズリーと周期律』，『高分子の話』：私はそのいずれの翻訳にも関わることができた）が化学にかかわるものだった．物理のシリーズの中の一冊ではあったが，本書は好評で，1977年には新装版として再発行されている．

次にアシモフを紹介しよう．「アシモフ（Isaac Asimov; 1920-1992）はロシア生まれのアメリカの……」と書いてみたはものの，この後をどう続けるか迷ってしまう．彼の仕事が一つの分野で表わせるほど単純でないからである．ウィキペディアの紹介では 作家，短編小説家，エッセイスト，歴史家，生化学者，教科書執筆者，ユーモリスト，となっている．そのどの分野でも卓越した業績を上げているが，やはりボストン大学教授（生化学）と

SF作家が彼の代表的な顔だろう．SFファンであれば彼の「ロボットもの」，「ファウンデーションもの」などを必ず読んでいるに違いない．1981年に発見された小惑星に「5020アシモフ」という名前が与えられたことは，彼の科学（の普及）に対する貢献がいかに高く評価されていたかががわかる．

ところで，訳者であり，また自ら愛読者でもあった私にとって，今回，筑摩書房から本書が復刊されることになったのは，まったく予期せぬ喜びだった．復刊にあたって，河出書房版の縦書きが横書きになるのはありがたかった．化学式も少しあるし，元素記号も横書きのほうが見やすいから，理科系の本はやはり横書きのほうが読みやすいはずである．

この際，河出書房本にあった不十分な点も可能な限り修正した．化学用語にも半世紀近い間にいくらかの変化があった．外国語の人名の読み方もいろいろあるが，『理化学辞典』（岩波書店），『化学大辞典』（東京化学同人）などを参考にして，なるべく一般的に用いられているものに統一した．しかし，化学そのものの内容については，手をいれること，つまりアップデートはほとんどしなかった．化学史という立場で見れば，本書は必要にして十分な範囲をカバーしていると判断できるからである．訳注に関しては，必要に応じて削除・修正を加えた．

ただし，登場する科学者の没年はアップデートした．原著が執筆された1965年前後にはまだ存命だった科学者の

多くが，45年後の現時点では故人となられているのは当然だろう．その中で，サンガー（220ページ）とワトソン（222ページ）がご存命であるのには感銘した．若くして，歴史に残るような仕事をされたということである．

　最後にお世話になった筑摩書房編集部・岩瀬道雄氏に感謝する．

　2010年1月
　　　　　　　　　　（たけうち・よしと／東京大学名誉教授）

索引

あ行

アインシュタイン（ブラウン運動の研究） 196
アヴォガドロ（アヴォガドロの仮説） 106, 160
アグリコラ（冶金術） 44
アストン（質量分析器） 285
アリストテレス（四元素説） 22
アルベルトゥス・マグヌス（錬金術） 38
アルミニウムの冶金 237
アレニウス（電離説） 202
アンドルース（臨界温度の発見） 205
イオン結合 270
イオン原子価 271
異性体 127, 130, 143, 148
陰極線 246
ウィーラント（ステロイドの研究） 212
ウィルシュテッター（クロロフィルの構造） 212
ウィンダウス（ステロイドの研究） 212
ウェーラー（尿素の合成） 121, 129
ウェルナー（配位説） 152
ヴォルタ（電池の発明） 102
ウッドワード（ストリキニンの合成） 213
エーテル（第五元素） 23
エネルギー保存則（熱力学の第一法則） 183
塩基 92, 273
エントロピー（熱力学の第二法則） 184
オクターブの法則 161, 162
オストワルト（触媒の研究） 194

か行

壊変系列（放射性元素） 279
化学熱力学 188
化学反応論 184
化学療法 214
核反応 291
核融合 308
核連鎖反応 305
化合物 60
型の理論 136
カニッツァーロ（原子量） 160
カラザース（ナイロンの発明） 229
ガリレイ（落体の法則） 50
カルノーの原理 184
基（根） 132

気体 68, 203
気体の液化 204
気体反応の法則 104
気体分子運動論 204
希土類元素 175
ギブズ（自由エネルギーの概念，相律） 191, 192
キャベンディッシュ（水素の発見） 72, 177
キュリー夫妻（放射性元素の発見） 258
共鳴理論 275
共有結合 273
共有原子価 272
ギルバート（摩擦電気の研究） 101
キルヒホフ（分光分析） 171
金属 11, 12, 14, 17
グーテンベルク（印刷機の発明） 42
グラウバー塩 48
グルベルグ（質量作用の法則） 188
グレアム（拡散の法則） 217
グレーベ（アリザリンの合成） 211
クロマトグラフィー 220
ゲイ＝リュサック（気体反応の法則） 104
ゲーリケ（空気ポンプ） 54
ケクレ（構造式） 127, 141, 145, 149

原子 25, 95
原子価 139
原子核 263
原子熱 107
原子番号 265
原子量 108, 159, 289
原子炉 307
原子論 25, 95
元素 18, 22, 59
光化学 199
合金 14, 237
膠質（コロイド） 217
合成染料 210
抗生物質 215
合成有機化学 210
酵素 195
構造式 141
鋼鉄 16, 235
光電効果 253
高分子 226
コペルニクス（地動説） 43
コルベ（酢酸の合成） 122

さ行

サイクロトロン 293
酸 92, 273
サンガー（インシュリンの研究） 220
酸素の発見 75
シーボーグ（超ウラン元素） 301
シェーレ（酸素の発見） 75

実験式　127
質量作用の法則　191
質量分析器　285
質量保存則　82
写真　199
周期表　163, 180
重水素　289
ジュール-トムソン効果　206
シュタール（フロギストン説）　64
シュタウディンガー（高分子）　230
触媒　194
ジョリオ・キュリー夫妻（人工放射能の発見）　296
人工放射能　296
浸透圧　218
親和力　77
水素の発見　72
スヴェードベリ（超遠心機）　218
スタース（原子量の決定）　109
ストック（ホウ素化合物の研究）　244
生気論　120
青銅器時代　14
石器時代　10
染料　208
相律　193
ソディ（壊変系列）　279

た行
ダイナマイト　225
炭素正四面体説　151
タンパク質　216
窒素の発見　72
チャドウィック（中性子の発見）　259
中性子　259, 299
超ウラン元素　300
超遠心機　218
張力説　153
デイヴィー（電気分解）　114, 156, 183
ティセリウス（電気泳動）　218
定比例の法則　94
デーベライナー（3つ組元素）　158
鉄器時代　16
デモクリトス（原子説）　24
電気泳動　218
電気分解　103, 113
電子　251
電子殻　268
同位体（アイソトープ）　284
同形の法則　107
当量　93, 140
ドーマク（サルファ剤の研究）　214
ド・シャンクルトワ（周期表）　162
ド・ブロイ（電子の波動説）　275

トムセン（熱化学測定） 186
トムソン, J.J.(電子の発見) 250
ドルトン（原子論） 97

な行
二酸化炭素の発見 69
ニュートン（万有引力の法則） 50
熱化学 185
熱力学 183
ネルンスト（電池の熱力学） 198
燃焼 83
ノーベル（ダイナマイトの発明） 224

は行
パーキン（合成染料） 209
ハーバー（アンモニアの合成） 240
ハーン（プロトアクチニウムの発見） 262
配位説 151
倍数比例の法則 97
バイヤー（インジゴの合成） 153, 211
パストゥール（光学異性体） 148
パラケルスス（錬金術） 46
半減期（放射性元素） 280
ヒットルフ（イオン輸率） 201

ファラデー（電気分解の法則） 115
ファン・デル・ワールス（気体の状態方程式） 204
ファント・ホッフ―ル・ベルの説（炭素正四面体説） 151
ファン・ヘルモント（気体の研究） 52
フィッシャー, E.(糖の研究) 154
フィッシャー, H.(ヘムの研究) 212
フェルミ（超ウラン元素） 299
不活性ガス 179
不斉炭素原子 151
物理化学 194
プラウトの仮説 109
ブラウン運動 196
プラスチック 226
ブラック（二酸化炭素の発見） 69
フランクランド（有機金属化合物） 139
フランクリン（電気の研究） 102
ブラント（リンの発見） 61
プリーストリー（酸素の発見） 73
プルースト（定比例の法則） 94
プレーグル（微量分析法） 216
フレミング（ペニシリンの発見） 214

フローリー（ペニシリンの構造） 215
フロギストン 61
分子 95
ブンゼン（分光分析） 171
平衡（可逆反応） 187
ベークランド（ベークライトの合成） 227
ヘスの法則 185
ベッセマー（溶鉱炉） 234
ベッヒャー（フロギストン説） 64
ペニシリン 214
ペラン（ブラウン運動の研究） 196
ベリマン（親和力の概念） 76
ベルセーリウス（原子量の決定） 108, 121, 130, 134
ヘルツ（光電効果） 253
ベルトレ（化学命名法） 87
ベルトロー（合成化学） 123, 183
ヘルムホルツ（エネルギーの保存） 183
ボイル（ボイルの法則；元素の定義） 54, 59
放射能 257
ポーリング（タンパク質のらせん模型，共鳴理論） 221, 275
ホール（アルミニウムの冶金） 238
ホフマン（キニンの研究） 208

ま行

マイアー（周期律） 162
マリオットの法則 57
ミッチェルリヒ（同形の法則） 107
ミリカン（素電荷の決定） 251
無機化学 127
メンデレーエフ（周期表） 165
モアッサン（フッ素，ダイヤモンドの研究） 241
モーズリー（X線スペクトル） 265

や行

冶金術 44, 234
薬品 213
有機化学 127
有機金属化合物 139
ユーリイ（重水素の発見） 288
遊離基 277
陽子 255

ら行

ラウールの法則 201
ラヴォアジエ（質量保存の法則，燃焼理論） 79, 83
ラザフォード, D.（窒素の発見） 71
ラザフォード, E.（原子核の発見） 255
ラジウム 261
ラムゼー（不活性気体の発見）

177
ランタノイド 302
リービヒ（有機分析） 129
リチャーズ（原子量の測定） 109
リヒター（当量の概念） 93
ルイス-ラングミュアの理論 272
ルクレティウス（原子論） 26, 43
ルシャトリエの原理 197
レヴェン（核酸の研究） 213
錬金術 33, 47
レントゲン（X線の発見） 255
ローラン（型の理論） 135
ロビンソン（アルカロイドの研究） 212

本書は、一九六七年七月一〇日、河出書房より刊行された。

情報理論

甘利俊一

理工学者が書いた数学の本

「大数の法則」を押さえれば、情報理論はよくわかるまで！ シャノン流の情報理論から情報幾何学の基礎まで本論を明快に解説された入門書。

線形代数

甘利俊一・金谷健一

"線形代数の基本概念や構造がなぜ重要か、どんな状況で必要になるか"理工系学生の視点に沿った、数学の専門家では書き得なかった入門書。

神経回路網の数理

甘利俊一

複雑な神経細胞の集合・脳の機能に数理モデルで迫り、ニューロコンピュータの基礎理論を確立した、AIの核心技術、ここに始まる。

アインシュタイン回顧録

アルベルト・アインシュタイン 渡辺正訳

相対論など数々の独創的な理論を生み出した天才が、生い立ちと思考の源泉、研究態度を語った唯一の自伝。貴重写真多数収録。

アインシュタイン論文選

アルベルト・アインシュタイン ジョン・スタチェル編 青木薫訳

「奇跡の年」こと一九〇五年に発表された、ブラウン運動・相対性理論・光量子仮説についての記念碑的論文五篇を収録。編者による詳細な解説付き。新訳オリジナル。

入門 多変量解析の実際

朝野熙彦

多変量解析の様々な分析法。それらをどう使いこなせばいい？ マーケティングの例を多数紹介し、ユーザー視点に貫かれた実務家必読の入門書。

公理と証明

彌永昌吉・赤攝也

数学の正しさ、「無矛盾性」はいかにして保証されるのか。あらゆる数学の基礎となる公理系のしくみと証明論の初歩を、具体例をもとに平易に解説。

地震予知と噴火予知

井田喜明

巨大地震のメカニズムはそれまでの想定を裏切っていたのか。地震理論のいまと予知の最前線を明快に整理し、その問題点を鋭く指摘した提言の書。

ゆかいな理科年表

スレンドラ・ヴァーマ 安原和見訳

えっ、そうだったのか！ 数学や科学技術の大発見大発明大流行の瞬間をリプレイ。ときにニヤリ、ときになるほどとうならせる、愉快な読みきりコラム。

位相群上の積分とその応用
アンドレ・ヴェイユ
齋藤正彦 訳

ハールによる「群上の不変測度」の発見、およびその後の諸結果を受け、より統一的にハール測度を論じた画期的著作。本邦初訳。(平井武)

シュタイナー学校の数学読本
ベングト・ウリーン
丹羽敏雄/森章吾 訳

中学・高校の数学がこうだったなら！フィボナッチ数列、球面幾何など興味深い教材で展開する授業十二例。新しい角度からの数学再入門でもある。

問題をどう解くか
ウェイン・A・ウィケルグレン
矢野健太郎 訳

初等数学やパズルの具体的な問題を解きながら、解決に役立つ基礎概念を紹介。方法論を体系的に学ぶことのできる入門書。(芳沢光雄)

数学フィールドワーク
上野健爾

微分積分、指数対数、三角関数などが文化や社会、科学の中でどのように使われているのか。さまざまな応用場面での数学の役割を考える。(鳴海風)

算法少女
遠藤寛子

父から和算を学ぶ町娘あきは、算額に誤りを見つけ声を上げた。と、若侍が……。定評の少年少女向け歴史小説。箕田源二郎・絵

演習詳解 力学 [第2版]
江沢洋/中村孔一/山本義隆

経験豊かな執筆陣が妥協を排し世に送った最高の演習書。練り上げられた問題と丁寧な解答は知的刺激に溢れ、力学の醍醐味を存分に味わうことができる。

原論文で学ぶ アインシュタインの相対性理論
唐木田健一

ベクトルや微分など数学の予備知識も解説しつつ、一九○五年発表のアインシュタインの原論文を丁寧に読み解く。初学者のための相対性理論入門。(酒井忠昭)

医学概論
川喜田愛郎

医学の歴史、ヒトの体と病気のしくみを概説。現代医療で見過ごされがちな「病人の存在」を見据えつつ、「医学とは何か」を考える。

初等数学史(上)
フロリアン・カジョリ
小倉金之助 補訳
中村滋 校訂

厖大かつ精緻な文献調査にもとづく記念碑的著作。古代エジプト・バビロニアからギリシャ・インド・アラビアへいたる歴史を概観する。図版多数。

初等数学史(下) フロリアン・カジョリ 小倉金之助補訳/中村滋校訂

商業や技術の一環としても発達した数学。下巻は対数・小数の発明、記号化の発展、非ユークリッド幾何学など。文庫化にあたり全面的に校訂。

複素解析 笠原乾吉

複素数が織りなす、調和に満ちた美しい数の世界とは。微積分に関する基本事項から楕円関数の話題までがコンパクトに詰まった、定評ある入門書。

初等整数論入門 銀林浩

「神が作った」とも言われる整数。そこには単純に見えて、底知れぬ深い世界が広がっている。互除法、合同式からイデアルまで。(野﨑昭弘)

新しい自然学 蔵本由紀

科学的知のいびつさが様々な状況で露呈する現代。非線形科学の泰斗が従来の科学観を相対化し、全く新しい自然の見方を提唱する。

ガロアの夢 久賀道郎

ガロア群により代数方程式は新たな展開を見た。群、関数論、トポロジーの相互作用が織り出す数学の面白さ。伝説の名著復活。(飯高茂)

ゲルファント やさしい数学入門 座標法 ゲルファント/グラゴレヴァ/キリロフ 坂本實訳

座標は幾何と代数の世界をつなぐ重要な概念。数直線のおさらいから四次元の座標幾何までを、世界的数学者が丁寧に解説する。

ゲルファント やさしい数学入門 関数とグラフ ゲルファント/グラゴレヴァ/シノール 坂本實訳

数学でも「大づかみに理解する」ことは大事。グラフ化=可視化は、関数の振る舞いをマクロに捉える強力なツールだ。訳し下ろしの入門書。

解析序説 小林龍一/廣瀬健/佐藤總夫

自然や社会を解析するための、「活きた微積分」のセンスを磨く！ 差分・微分方程式までを巧みにカバーした入門者向け学習書。(笠原晧司)

確率論の基礎概念 A・N・コルモゴロフ 坂本實訳

確率論の現代化に決定的影響を与えた『確率論の基礎概念』に加え、有名な論文「確率論における解析的方法について」を併録。全篇新訳。

物理現象のフーリエ解析	小出昭一郎	熱・光・音の伝播から量子論まで、振動・波動にもとづく物理現象とフーリエ変換の関わりを丁寧に解説。物理学の泰斗による名教科書。（千葉逸人）
ガロワ正伝	佐々木力	最大の謎、決闘の理由がついに明かされる！ 難解なガロワの数学思想を後世の数学者たちにも迫った、文庫版オリジナル書き下ろし。
ブラックホール	R・ルフィーニ／佐藤文隆	相対性理論から浮かび上がる宇宙の「穴」。星と時空の謎に挑んだ物理学者たちの奮闘の歴史と今日的課題に迫る。写真・図版多数。
はじめてのオペレーションズ・リサーチ	齊藤芳正	意思決定の場に直面した時、問題を解決し目標を達成する多くの手段から、最適な方法を選択するための論理的思考。
システム分析入門	齊藤芳正	問題を最も効率よく解決するための科学的意思決定の手法。当初は軍事作戦計画として創案されたが、現在では経営科学等多くの分野で用いられている。
数学をいかに使うか	志村五郎	「何でも厳密に」などとは考えてはいけない――。世界的数学者が教える「使える」数学とは。文庫版オリジナル書き下ろし。
数学をいかに教えるか	志村五郎	日米両国で長年教えてきた著者が日本の教育を斬る。掛け算の順序問題、悪い証明と間違えやすい公式のことなど外国語の教え方まで。
記憶の切繪図	志村五郎	世界的数学者の自伝的回想。幼年時代、プリンストンでの研究生活と数多くの数学者との交流と評価。巻末に「志村予想」への言及を収録。（彌永健一）
通信の数学的理論	C・E・シャノン／W・ウィーバー 植松友彦訳	IT社会の根幹をなす情報理論はここから始まった。発展いちじるしい最先端の分野に、今なお根源的な洞察をもたらす古典的論文が新訳で復刊。

現代の初等幾何学	赤攝也	ユークリッドの平面幾何を公理的に再構成する一方で、現代数学の考え方に触れつつ、幾何学が持つ面白さも体感できるよう初学者への配慮溢れる一冊。
現代数学概論	赤攝也	初学者には抽象的でとっつきにくい〈現代数学〉。「集合」「写像とグラフ」「群論」「数学的構造」といった基本的概念を手掛かりに概説した入門書。
数学と文化	赤攝也	諸科学や諸技術の根幹を担う数学、また「論理的・体系的な思考」を培う数学。この数学の思想と文化を究明する入門概説。(瀬山士郎)
微積分入門	小松勇作訳 W・W・ソーヤー	微積分の考え方は、日常生活のなかから自然に出てくるもの。∫や lim の記号を使わず、具体的に沿って説明した定評ある入門書。
新式算術講義	高木貞治	算術は現代でいう数論。数の自明を疑わない明治の読者にその基礎を当時の最新学説で説く。『解析概論』の著者若き日の創意欲作。(高瀬正仁)
ガウスの数論	高瀬正仁	青年ガウスは目覚めとともに正十七角形の作図法を思いついた。初等幾何学に日本的頭した数論の一端! 創造の世界の不思議に迫る原典講読読第2弾。
評伝 岡潔 星の章	高瀬正仁	詩人数学者と呼ばれ、数学の世界に日本的情緒を見事開花させた不世出の天才・岡潔。その人間形成と研究生活を克明に描く。誕生から研究の絶頂期へ。
評伝 岡潔 花の章	高瀬正仁	野を歩き、花を摘むように数学的自然を彷徨した伝説の数学者・岡潔。本巻は、その圧倒的数学世界を、絶頂期から晩年、逝去に至るまで丹念に描く。
高橋秀俊の物理学講義	藤村靖 高橋秀俊	ロゲルギストを主宰した研究者の物理的センスとは。力について、示量変数と示強変数、ルジャンドル変換、変分原理などの汎論四〇講。(田崎晴明)

幾何学基礎論

D・ヒルベルト
中村幸四郎訳

20世紀数学全般の公理化への出発点となった記念碑的著作。ユークリッド幾何学を根源まで遡り、斬新な観点から厳密に基礎づける。

素粒子と物理法則

R・P・ファインマン
S・ワインバーグ
小林澈郎訳

量子論と相対論を結びつけるディラックの形式的記述とゼロ和2人理論を展開したノーベル賞学者に対照的に展開したノーベル賞学者による追悼記念講演。現代物理学の本質を堪能させる三重奏。

ゲームの理論と経済行動 I （全3巻）

ノイマン／モルゲンシュテルン
銀林／橋本／宮本監訳
阿部／橋本訳

今やさまざまな分野への応用いちじるしい「ゲーム理論」の嚆矢とされる記念碑的著作。第I巻はゲームの形式的記述とゼロ和2人ゲームについて。

ゲームの理論と経済行動 II

ノイマン／モルゲンシュテルン
銀林／橋本／宮本監訳
銀林／宮本訳

第I巻のゼロ和2人ゲームの考察を踏まえ、第II巻ではプレイヤーが3人以上の場合のゼロ和ゲーム、およびゲームの合成分解について論じる。

ゲームの理論と経済行動 III

ノイマン／モルゲンシュテルン
銀林／橋本／宮本監訳
銀林／橋本／下島訳

第III巻では非ゼロ和ゲームにまで理論を拡張。これまでの数学的結果をもとにいよいよ経済学的解釈を試みる。全3巻完結。(中山幹夫)

計算機と脳

J・フォン・ノイマン
柴田裕之訳

脳の振る舞いを数学で記述することは可能か？現代のコンピュータの生みの親でもあるフォン・ノイマン最晩年の考察。新訳。(野﨑昭弘)

数理物理学の方法

J・フォン・ノイマン
伊東恵一編訳

多岐にわたるノイマンの業績を展望するための文庫オリジナル編集。本巻は量子力学・統計力学など物理学の重要論文四篇を収録。全篇新訳。

作用素環の数理

J・フォン・ノイマン
長田まりゑ編訳

終戦直後に行われた講演「数学者」と、「作用素環について」I〜IVの計五篇を収録。一分野としての作用素環論を確立した記念碑的業績を網羅する。

新・自然科学としての言語学

福井直樹

気鋭の文法学者によるチョムスキーの生成文法解説書。文庫化にあたり旧著を大幅に増補改訂し、付録として黒田成幸の論考「数学と生成文法」を収録。

化学の歴史

著者　アイザック・アシモフ
訳者　玉虫文一（たまむし・ぶんいち）
　　　竹内敬人（たけうち・よしと）

二〇一〇年三月　十　日　第　一　刷発行
二〇二五年二月二十五日　第十一刷発行

発行者　増田健史
発行所　株式会社　筑摩書房
　　　　東京都台東区蔵前二-五-三　〒一一一-八七五五
　　　　電話番号　〇三-五六八七-二六〇一（代表）
装幀者　安野光雅
印刷所　大日本法令印刷株式会社
製本所　株式会社積信堂

乱丁・落丁本の場合は、送料小社負担でお取り替えいたします。
本書をコピー、スキャニング等の方法により無許諾で複製することは、法令に規定された場合を除いて禁止されています。請負業者等の第三者によるデジタル化は一切認められていませんので、ご注意ください。

© YUKI TAMAMUSHI/YURIKO TAKEUCHI 2025
Printed in Japan
ISBN978-4-480-09282-3　C0143